邯郸市河湖健康评价

栾清华 荆 华 林 超 连秋岩 袁龙龙 等著

黄河水利出版社

·郑州·

图书在版编目(CIP)数据

邯郸市河湖健康评价/栾清华等著. —郑州:黄河水利出版社,2023.7

ISBN 978-7-5509-3657-7

Ⅰ.①邯… Ⅱ.①栾… Ⅲ.①河流-水环境质量评价-研究-邯郸 Ⅳ.①X824

中国国家版本馆 CIP 数据核字(2023)第 141932 号

责任编辑:文云霞 责任校对:王单飞 封面设计:张心怡 责任监制:常红昕

出版发行:黄河水利出版社

地址:河南省郑州市顺河路 49 号 邮政编码:450003

网址:www.yrcp.com E-mail:hhslcbs@126.com

发行部电话:0371-66020550

承印单位:河南新华印刷集团有限公司

开本:787 mm×1 092 mm 1/16

印张:12.75

字数:300 千字

版次:2023 年 7 月第 1 版 印次:2023 年 7 月第 1 次印刷

定价:58.00 元

前　言

河流是人类社会文化的起源,是人类赖以生存的命脉。社会的发展与河流紧密相联,健康的河流可以支撑社会经济发展、净化水源、维持生态平衡,除此之外,还可为人类提供休闲、旅游等服务价值。随着社会经济的进步,人们逐渐认识到合理保护生态对实现经济的可持续发展的重要性,"绿水青山就是金山银山"的理念逐渐深入人心,人民对美好生活的向往以及对河畅、水清、岸绿、景美的生态诉求日益强烈。为诊断河流健康状态,帮助公众了解河湖真实健康状况,为河湖管理保护提供决策参考,2021年4月起,全国范围内陆续开展了河湖健康评价工作;同年8月,河北省河湖健康评价项目全面启动。

邯郸市位于河北省南部,是河北省重要的经济、交通和文化中心之一。境内滏阳河和清漳河分别属于子牙河系和南运河水系,且均为华北常年有水的天然河流。其中,滏阳河流经山区、丘陵和平原,清漳河涉县段是典型的山区河流,支漳河作为滏阳河的支流,是缓解滏阳河邯郸主城区行洪压力的一条人工河道,三条河道各具特色。客观开展滏阳河、支漳河和清漳河河流评价工作,掌握其健康状况,是精准识别河流健康问题的必要手段,其评价结果可为持续加强邯郸河流管理与保护及其后续综合治理修复提供决策支撑,也为全市深入全面推行河长制夯实工作基础。

本书就是邯郸市上述三条河流健康评价成果的一本汇集,主要包括五个部分,共9章。第一部分绪论,即第1章,在探究河湖健康评价的背景意义以及国内外研究进展上,介绍了滏阳河、支漳河和清漳河河流的基本概况。第二部分主要是河流健康评价方案的制订,即第2章,充分立足河流自身情势及其所在流域特色,分别选取了相应的评价指标,并构建了不同河流的健康评价模型。第三部分为河流健康调查和评价,包括第3~5章,分别阐述不同河流的评价范围、河段划分,以及针对不同评价指标开展的调查监测情况。第四部分为健康评价分析,包括第6~8章,依据第三部分,按照评价标准分别对三条河流的调查结果进行评价赋分。第五部分为评价结果分析和对策,即第9章,对第四部分赋分结果进行了分析,并对标提出了每条河流的修复以及管理对策。

本书由河海大学、水利部海河水利委员会漳河上游管理局、邯郸市漳滏河灌溉供水管理处和邯郸市生态环境局等单位的科研技术人员和管理人员共同撰写而成,具体撰写人员及分工如下:第1章由荆华、袁龙龙、刘颖撰写;第2章由栾清华、荆华、林超、魏亚楠撰写;第3章由连秋岩、栾清华、谷鹏程、李宾、李玉龙撰写;第4章由袁龙龙、荆华、崔朝阳、徐亚男撰写;第5章由林超、陶涛、徐亚男、曲超撰写;第6章由栾清华、连秋岩、李花月、陈嘉俊、王彩琦撰写;第7章由荆华、连秋岩、郭杰、张常昊撰写;第8章由林超、陶涛、任晓敏、赵华撰写;第9章由栾清华、荆华、袁龙龙撰写。全书由丁馨睿、栾清华统稿。

本书撰写过程中得到了中国水利水电科学研究院、南京水利科学研究院、生态部海河北海局等单位领导、专家和工作人员的大力支持,并提出了许多宝贵的意见和建议。同时,作者团队在开展实地监测、调研和踏勘时,得到了邯郸市水利局、河北省邯郸水文勘测研究中心、涉县水利局等单位的指导、支持和帮助,在此一并致谢。

由于作者水平有限,书中难免存在不足之处,敬请广大读者不吝批评赐教。

作　者

2023 年 5 月

目　录

第 1 章 绪 论

1.1 背景和意义

党的十八大报告提出:全面落实经济建设、政治建设、文化建设、社会建设、生态文明建设"五位一体"总体布局。为响应生态文明建设,2016 年 11 月 28 日,中共中央办公厅、国务院办公厅印发《关于全面推行河长制的意见》,明确"构建责任明确、协调有序、监管严格、保护有力的河湖管理保护机制,为维护河湖健康生命、实现河湖功能永续利用提供制度保障"。2017 年 10 月,"必须树立和践行绿水青山就是金山银山的理念"被写进党的十九大报告,报告指出,要加大生态系统保护力度,提升生态系统质量和稳定性,提出建设生态文明是中华民族永续发展的千年大计,是构成新时代坚持和发展中国特色社会主义的基本方略之一。推行"河长制"是落实绿色发展理念、推进生态文明建设的内在要求。同年,中共中央办公厅、国务院办公厅印发《关于在湖泊实施湖长制的指导意见》,明确"开展湖泊生态治理与修复,实施湖泊健康评估。加大对生态环境良好湖泊的严格保护,加强湖泊水资源调控,进一步提升湖泊生态功能和健康水平。"2021 年 4 月,水利部河长办发布《水利部河长办关于开展 2021 年河湖健康评价工作的通知》,为加强河湖管理保护,拟在各地开展河湖健康评价工作。

2021 年 8 月,河北省省级河湖健康评价项目全面启动,全省年度计划完成 201 条(个)河湖健康评价工作。为有序组织开展好这项工作,依据国家要求,河北省确定了分级负责、试点先行、逐步推进的工作原则和组织方式。省级层面负责设省级河湖长的 11 条河流和 2 个湖泊的评价工作,各市分别从最高设市级河湖长河湖中选取 2~3 条(个)、各县从最高设县级河湖长河湖中选取 1 条(个)具有代表性的重要河湖开展评价工作。通过代表性河湖健康评价工作,查找存在问题,剖析"病因",研究并提出对策。评价结果既是检验河湖长制落实成效的重要依据,也是各级河湖长组织领导相应河湖保护治理工作的重要参考。

滏阳河是邯郸市的母亲河,是子牙河水系的重要组成部分。自 2015 年 12 月以来,南水北调中线就陆续向滏阳河供水;2018 年 9 月 13 日,滏阳河被正式纳入南水北调中线生态补水示范区。借着南水北调中线生态补水的东风,2020 年初,邯郸市启动滏阳河全域生态修复工程,下定决心把滏阳河保护好、利用好、开发好。开展邯郸市滏阳河健康评价工作,是落实《关于全面推行河长制的意见》的工作要求,是客观掌握滏阳河健康状况,精准识别河流健康问题的必要手段,也是反映南水北调中线补水生态效果、评价滏阳河全域生态修复工程成果的必要举措。评价结果可为持续加强滏阳河管理与保护及其后续综合治理修复提出建议,为全市深入全面推行河长制夯实基础。

支漳河是滏阳河的支流,也是邯郸市主城区水系的重要组成部分。开展邯郸市支漳河健康评价工作,是落实《关于全面推行河长制的意见》的工作要求,也是检验支漳河流域综合治理现有成果的必要举措,是客观掌握支漳河健康状况、精准识别河流健康问题的必要手段,为持续加强支漳河管理与保护及支漳河后续综合治理修复提出建议,也为全面推行河长制和湖长制奠定坚实的基础。

清漳河是涉县境内最大的河流,亦是涉县的母亲河。近年来,涉县县委、县政府认真践行"绿水青山就是金山银山"的理念,高度重视河湖治理开发管护工作,不断探索治水兴水新思路、新路径,持续加大河湖综合治理力度。在实施清漳河河道综合治理过程中,把绿色生态理念贯穿于工程设计规划、建设运管全过程中,努力打造水资源、水环境、水生态共同治理和保护修复。开展涉县清漳河健康评价是检验涉县河湖健康维护及河湖长制工作成效的重要依据,是引导社会公众积极参与河湖监督的有效手段,是河湖管理基础工作水平的"试金石"和"催化剂",也是加强涉县清漳河河道管理工作,推进涉县清漳河生态保护修复,提高涉县清漳河生态环境质量的重要举措。

邯郸市滏阳河、支漳河及清漳河健康评价按照《河北省河湖健康评价技术大纲(试行)》(简称《技术大纲》)的要求,立足邯郸市河流实际,构建河流健康评价指标体系,通过实地调查和监测,摸清邯郸市滏阳河、支漳河及清漳河岸线、水资源、水环境、水生态现状,对河流健康的"盆"、"水"、生物、社会服务功能四个准则层及指标进行科学全面的评价,诊断邯郸市河流健康整体状况和不健康的主要表征,剖析影响其健康的主要压力,并提出河流健康修复的相关措施与建议。

1.2 国内外进展

国外的学者从最开始仅关注河流生态系统的自然属性,逐渐发展至包含社会期望,考虑人类需求,并扩展至考虑河流的社会服务功能,这一概念的进一步拓展为后续的研究者们提供了广泛的借鉴。

Wright 于 1989 年提出 RIVPACS 法,利用大型无脊椎动物采样技术对河流站点生态质量进行评估。1992 年,Simpson 和 Norris 提出了 AUSRIVAS 法,完善了 RIVPACS 法的数据收集与评价机制,并依托该评价体系实施了国家河湖健康计划(NRHP),监测和评价了国内河流的生态健康状况。然而,仅以单一物种的变化反映河流状况,无法保证河流的变化与所选物种相匹配,导致无法准确评价河流健康状况,因此更多的学者倾向于采用多指标综合评价法来确定河流的健康状况。通过提前确定评价标准,将河流的化学、生物、物理结构等与标准进行比较并赋分,最后累计各项评分,得到河流健康评价结果。以 Karr 为代表的 IBI 法,以鱼类丰富度、营养类型等 12 项指标对河流进行评价。Petersen 在构建评价体系的基础上,将 RCE 列表划分为 5 个健康等级。南非水事务和森林部于 1994 年发起了"河湖健康计划"(RHP),建立了南非栖息地完整性指数(IHI),构建了包括饮水水源、河流生态流量调节、河道物理结构、河流河岸植被变化、外来植被入侵情况、生物健康指数等 6 个指标的评价模型来综合评估河流的健康状况。1999 年,Ladson 提出建立基于水文学、形态特征、河岸带状况、水质及水生生物 5 方面 19 项指标的 ISC 法对河流进行对比性评价。Ji Yoon Kim 和 Kwang-Guk An 于 2015 年利用自然栖息地健康、化学水健康、鱼类生物健康等应激源模型,评价了韩国洛东江河流生态系统健康状况。

我国当前河流治理工作仍处于水质恢复阶段,王备新等采用 B-IBI 法对安徽黄山地区河流状况进行了初步了解。郑海涛根据鱼类的 IBI,探讨了怒江州贡山县、福贡县、六库镇、保山市四段河流水质健康评价。2006 年,龙笛等设立了"气候条件制约因素–河段绿色生态标示要素–地壳运动相关因素"评价体系,评价了滦河和北四河在河段经营规模中的生态体系情况。孙雪岚等提出了包含河道健康、生态系统健康和社会经济价值等 24 个指标的评价体系。陈毅等于 2011 年构建了包含水量、水质、水生生物、河岸带完整性、河床形态结构和社会功能等 6 方面指标的河流健康评价体系评价潮白河健康状况。龚雷婷将河流健康评价体系分为三个层次:目标层、指标值层及因素层,对长江下游典型性河流开展评价。近十年来,国内学者采用模糊数学法、层次分析法等多种模型方法,对河流健康评价进行了研究和应用。傅春、李云义根据层次分析法,对抚河福州市段展开了河流身心健康综合性评价科学研究。2018 年,孔令健和张启兵设立了包含水文水利完整性、物理性质完整性、水化学完整性、微生物完整性和服务能力完整性 5 个方面 13 项指标的评价体系,并且对清流河展开了评价。侯佳明、胡鹏等于 2020 年给出了基于模糊可变模型的大城市河流身心健康评价方式。2022 年,丁锐、于凯等从人、城市和水生态系统的关系出发,分析了城市水生态系统健康的概念,并从环境条件、生态建设、社会服务等方面建立了其评价指标体系,通过层次分析法计算各指标的权重值,设定各指标的分级标准并对嘉定新城水生态系统健康展开评价。方彤竹以我国北方浅水湖泊白洋淀为代表,从生物、生境、水质要素三方面构建评价体系,对白洋淀水生态状况进行了评价。

我国水利部为了建立起科学、全面和灵活的评价体系并将其用于开展全国的河流、湖泊和水库健康的定期评价及服务于最严格水资源管理制度建设、水利部水生态文明建设、河长制建设,自 2010 年开始开展了河湖健康评估技术研究工作。2010 年,水利部印发了《全国重要河湖健康评估(试点)工作大纲》和《河湖健康评估指标、标准与方法(试点工作用)》,2011 年发布了《国家环境保护"十二五"规划》,2012 年发布了《重点流域水污染防治规划(2011—2015 年)》,2015 年发布了《水污染防治行动计划》;2016 年,中共中央办公厅、国务院办公厅印发了《关于全面推行河长制的意见》,将河湖评估列入了推进河长制的重要工作内容,2017 年发布了《重点流域水污染防治规划(2016—2020 年)》;2017—2021 年,辽宁、云南、江西、北京等地相继颁布了地方河湖评价标准;2020 年,《河湖健康评估技术导则》的发布也为河湖评估提供了技术支撑。

河北省河湖长制办公室综合国内外先进理念,结合国内已有技术和标准与河北省河湖实际、河湖长制管理要求,颁布了《河北省河湖健康评价技术大纲(试行)》,为河北省河湖健康评价工作提供了技术标准。

1.3　河流概况

1.3.1　滏阳河

1.3.1.1　自然地理

滏阳河发源于太行山东麓邯郸峰峰矿区滏山南麓(和村镇西白龙池),属海河流域南系子牙河系,全长 413 km,流经邯郸、邢台、衡水,在沧州献县与滹沱河汇流后称子牙河。滏阳河地处邯郸市腹心地带,西部为太行山余脉的丘陵区,西高东低,地面纵坡 1/400 ~ 1/1 000,东部为冲积平原,境内流域面积 2 748 km²。

在邯郸市境内,滏阳河流经峰峰矿区、磁县、冀南新区、邯山区、丛台区、经济技术开发区、永年区、曲周县、鸡泽县等 9 个县(区)36 个乡(镇)145 个自然村,于鸡泽县东口村北入邢台市,境内河长 184 km(见图 1-1)。

图 1-1　邯郸市行政分区

1.3.1.2　河湖、水系

滏阳河支流繁多,主要有牤牛河、渚河、沁河、输元河、支漳河、东渐河、留垒河等。其中,支漳河、东渐河和留垒河为人工河道。为了改善邯郸市的防洪情况,削减洪峰,短期阻滞洪水,保证城区顺利泄洪,主城区附近设有黄粱梦滞洪区和永年洼滞洪区(见图 1-2)。

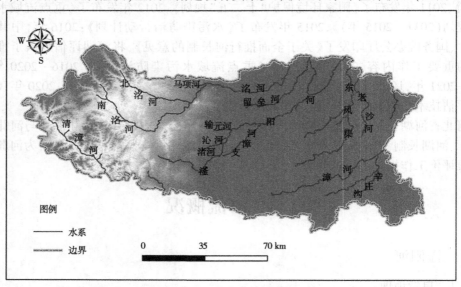

图 1-2　邯郸市主要河湖、水系分布

1.3.1.3　历史演变

历史上,滏阳河是漳河的一条支流。明成化十一年(1475 年)滏水脱漳,始形成滏阳河道雏形。历史上,滏阳河水美鱼肥,绿柳成荫,货轮穿梭,艄公号子不断,形成滏水春帆的盛景,也是邯郸历史上著名的十景之一。随着国民经济的发展,20 世纪 70 年代后,滏阳河水量日益减少,河道断航,两岸垃圾成堆,工业污水和生活污水的肆意排放,使滏阳河一度成为令人提及掩鼻的臭水沟。随着生态环境的不断改善,特别是 1977 年跃峰渠建成正式通水,由跃峰渠调引漳河水经东武仕水库调蓄所提供的稳定水源保障,使滏阳河成为一条常年有水的天然河流。1999 年以来,邯郸市投入巨资陆续对从南湖至北湖的 16.8 km 滏阳河城区段进行综合整治,使得沿河两岸垂柳拂面,鸟鸣蝉唧。2020 年,《滏阳河全域生态修复规划》正式通过,滏阳河全域生态修复工程启动实施。

1.3.1.4　水文气象

滏阳河属北温带大陆性季风气候,夏季炎热多雨,冬季寒冷干燥,春秋多风沙,平均气温 13.4 ℃。年均降水量 550 mm 左右,多集中于 7—9 月,占年降水量的 70%,春季降水稀少,降水极大值为 2021 年的 1 394.7 mm,极小值为 1986 年的 155.1 mm。

流域设有张庄桥水文站和莲花口水文站,两站均在 1963 年建站。建站以来降水、径流监测情况见表 1-1。滏阳河处于太行山迎风坡,源短、坡陡、流急,洪水峰高量大,河道泄量上大下小,洪水灾害时有发生,自东武仕水库建库以来,最大入库流量为 901 m³/s。中华人民共和国成立以来,1963 年、1996 年、2016 年和 2021 年发生过较大规模的水灾。各年份洪水流量值见表 1-2。

表 1-1　滏阳河水文站点监测情况

水文站	降水量/mm			径流量/亿 m³		
	历史最大	历史最小	多年平均	历史最大	历史最小	多年平均
张庄桥	1 394.7	179.2	504.1	6.622	0.854	2.759
莲花口	1 191.3	276.5	508.3	6.851	0.060 2	2.052

表 1-2　特大洪水流量值　　　　　　　　　单位:m³/s

日期(年-月)	1963-08	1996-08	2016-07	2021-07
东武仕入库	—	586	761	901
莲花口(分洪后)	69.9	32.4	21.8	61.7

1.3.1.5　社会经济

据 2016—2020 年邯郸市国民经济和社会发展统计公报,近 5 年来,邯郸市发展稳中求进,以供给侧结构性改革为主线,统筹推进稳增长、促改革、调结构、惠民生、防风险各项工作,全市经济社会保持平稳较快发展(见图 1-3)。现状年全市生产总值 3 636.6 亿元,比上年增长 4.3%。其中,第一产业增加值 376.6 亿元,增长 3.4%;第二产业增加值1 571.3 亿元,增长 5.2%;第三产业增加值 1 688.6 亿元,增长 3.5%。人均生产总值34 747 元,比上年增长 6.4%。三次产业比重由 2019 年的 9.9∶43.9∶46.2 调整为

10.4∶43.2∶46.4,产业结构逐渐从"二三一"向"三二一"转变。

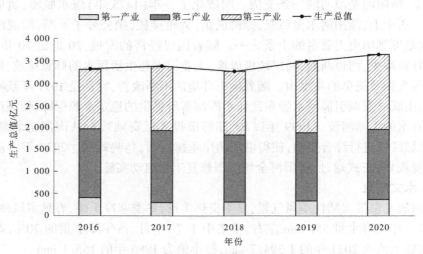

图 1-3 2016—2020 年全市三产及生产总值

2020 年滏阳河流经的 9 县(区)生产总值为 1 434.6 亿元,其中丛台区的地区生产总值最大,为 282.29 亿元。各县(区)不同产业生产总值如图 1-4 所示:就各产业产值而言,第一、第二产业生产总值最大的都在永年区,分别为 40.67 亿元、100.46 亿元;第三产业生产总值最大的为丛台区,达 192.02 亿元;就产业结构而言,曲周县第一产业所占比例最大,为 20.5%;峰峰矿区第二产业所占比例最大,为 55.7%,且工业对第二产业的贡献量最大;邯山区第三产业所占比例最大,为 74.7%。

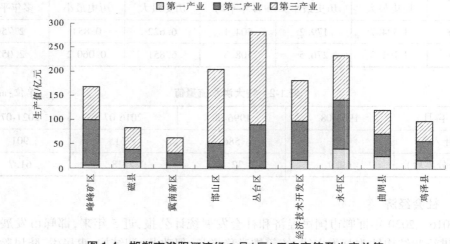

图 1-4 邯郸市滏阳河流经 9 县(区)三产产值及生产总值

2020 年末邯郸市人口共计 1 046.6 万人,常住总人口 941.5 万人,其中城镇常住人口 548.59 万人,常住人口城镇化率为 58.3%。其中,滏阳河流经的 9 县(区)中总人口 445.82 万人,常住总人口 423.48 万人,其中城镇常住人口 274.62 万人,常住人口城镇化率为 64.8%。具体地,永年区常住人口最多,为 85.13 万人;邯山区城镇人口最多,为 52.46 万人;永年区乡村人口最多,为 40.89 万人。

1.3.1.6　水资源利用

1. 供水量

2016—2020 年邯郸市总供水量保持稳定,地表供水量逐年稳定增加,到 2020 年地表供水量最大,为 9.4 亿 m³;地下供水量逐年稳定降低,到 2020 年地下供水量达到最小,为 9.64 亿 m³。跨流域调水逐年增加,到 2020 年达 3.47 亿 m³。2016—2020 年邯郸市各类水源供水量变化见图 1-5。

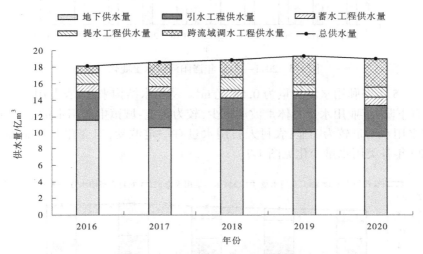

图 1-5　2016—2020 年邯郸市各类水源供水量变化

2020 年邯郸市各类水利工程向工农业及城镇生活提供总水量 19.03 亿 m³。其中,地表水 9.39 亿 m³,占总供水量的 49.4%;地下水 9.63 亿 m³,占总供水量的 50.6%;地表水供水量中,引水工程供水量 3.70 亿 m³、蓄水工程供水量 1.03 亿 m³、提水工程供水量 1.19 亿 m³,跨流域调水工程向全市提供水量 3.47 亿 m³。地下水开采总量包括开采深层淡水 1.72 亿 m³、浅层淡水 7.68 亿 m³、微咸水 0.23 亿 m³。

滏阳河供水水源有东武仕水库、南水北调和引黄入邯等多个水源。其中,东武仕水库为滏阳河主要供水水源,随着河北地下水超采综合治理的深入推进和南水北调及引黄入冀补淀工程的实施,近 5 年来,引江水和引黄水成为补充滏阳河生态的新水源。2011—2020 年滏阳河供水量变化见图 1-6。

整体而言,滏阳河供水量呈现上升的趋势,进一步调研分析可知,滏阳河供水量多少和东武仕水库降雨丰枯及蓄水情况紧密相关。2010 年和 2011 年连枯且无其他外调水源,造成近 10 年来 2011 年滏阳河供水量最低;2017 年和 2018 年南水北调中线生态补水的实施使得这两年滏阳河供水量达到高值,2019 年和 2020 年这两个年份偏枯,使得滏阳河供水量又有所下降。

2. 用水量

2016—2020 年邯郸市用水量总体上呈缓慢上升趋势,2020 年较 2019 年略有下降。

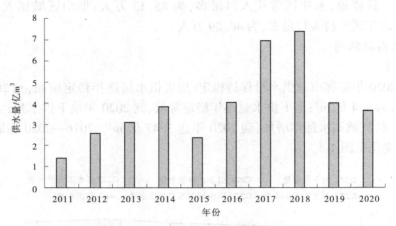

图 1-6　2011—2020 年滏阳河供水量变化

总体而言,近 5 年邯郸用水增加量为 0.58 亿 m³。从用水结构来看,农业用水量近 5 年在波动中略有下降;工业用水量总体上波动较少,较为稳定;城镇生活用水量呈上升趋势,且 2018 年以来用水增量较为明显;农村人畜用水量有一定波动,但变化并不显著。邯郸市 2016—2020 年各类用水量变化见图 1-7。

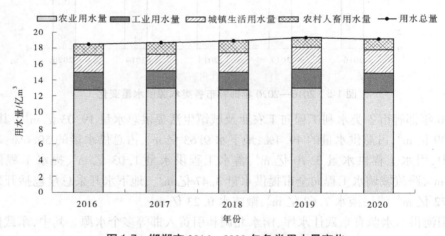

图 1-7　邯郸市 2016—2020 年各类用水量变化

　　2020 年邯郸市总用水量为 19.04 亿 m³。其中,农业用水量为 12.45 亿 m³,占总水量的 65.4%;工业用水量为 2.42 亿 m³,占总用水量的 12.7%;生活用水总量为 2.88 亿 m³,占总用水量的 15.1%;生态用水量为 1.29 亿 m³,占总用水量的 6.8%。

　　滏阳河 2011—2020 年用水总量变化参考图 1-8,对滏阳河各类用水量占比进行统计,如图 1-8 所示。就工业用水量占比而言,2011 年和 2012 年较高,均超过了 65%,且 2012 年滏阳河工业用水量占比最高,达 72.26%,之后工业用水量占比呈下降趋势,反映了滏阳河工业供水功能的弱化;就农业用水量占比而言,波动中整体呈增加趋势,特别是 2014 年以来较为显著,其中 2020 年农业用水量占比最高,达 65.15%,反映了地下水综合治理实施以来地表水置换地下水的显著成效;生态用水量占比中,2017—2019 年的占比较大,间接反映了南水北调中线生态补水的效应。

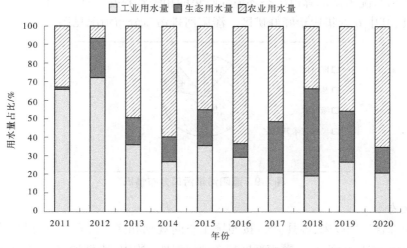

图 1-8 2011—2020 滏阳河各类用水量占比

1.3.1.7 水环境及水生态

1. 水环境

1) 水功能区划

邯郸市滏阳河水功能区区划起于峰峰矿区黑龙洞泉域,止于鸡泽县东于口村桥。邯郸市滏阳河水功能区一级区划均为开发利用区,二级区划有饮用水水源区和农业用水区。其中,饮用水水源区 2 个,水质目标均为地表水Ⅲ级,分别为:①九号泉—东武仕水库入库口,长度 13.5 km;②东武仕水库库区范围,长度 18.0 km。农业用水区有 1 个,范围为东武仕水库坝下—鸡泽县东于口村桥,长度 152.5 km,水质目标达到地表水Ⅴ级。具体见表 1-3。

表 1-3 2018 年滏阳河水功能区划

序号	水功能区名称	范围		功能排序	水质目标	区划依据
		起讫点	长度/km			
1	滏阳河邯郸饮用水水源区 1	九号泉—东武仕水库入库口	13.5	饮用	Ⅲ	饮用
2	滏阳河邯郸饮用水水源区 2	东武仕水库库区	18.0	饮用	Ⅲ	饮用
3	滏阳河邯郸农业用水区	东武仕水库坝下—郭桥村	164.8	农业	Ⅴ	农业

2) 主要断面水质状况

根据邯郸市生态环境局监测信息,2020 年滏阳河 1—12 月国家级考核断面及省级考核断面的水质监测均能达到规定的水质类别,达标率为 100%。具体地,滏阳河九号泉、水泥厂桥、张庄桥、刘二庄、苏里、曲周断面水质类别好于或等于Ⅲ类,莲花口断面水质类别为Ⅴ类,整体水质为良好。东武仕水库各断面均符合规划Ⅲ类或Ⅱ类水质,整体水质为优。富营养化评价,均属于中营养状态。上述水质均符合水功能区要求。

3) 入河排污情况

入河排污情况依据邯郸市生态环境局收集的相关资料并统计。滏阳河干流共计设置排污口9处,其中6处集中于峰峰矿区。滏阳河排污口分布情况见图1-9。

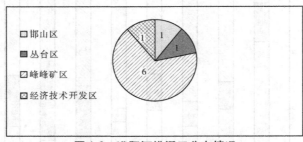

图1-9　滏阳河排污口分布情况

2. 水生态

滏阳河综合治理以来,各县(区)按照国土空间规划和区域特点,先后谋划建设了峰峰矿区滨湖湿地、磁县开河马头、冀南新区牤滏两河湿地、邯山区南湖沙滩公园、丛台区生态渣土公园、经济技术开发区月爱湖、永年区永年洼、曲周县引黄调蓄工程、鸡泽县辣椒小镇等9个特色生态节点,形成了一批汇水自然湿地。河道水质由Ⅲ~Ⅴ类提升至Ⅱ~Ⅲ类,河道生物多样性进一步增强。通过退耕还湿、退塘还湖、生态搬迁、扩渠引水等,扩展水面,栽种荷花、芦苇、花叶芦竹等观赏类和功能性植物。湿地公园目前有白鹭、杜鹃等禽鸟170多种。

1.3.2　支漳河

1.3.2.1　自然地理

支漳河是滏阳河的支流,全域位于邯郸市城区内,是为了避免滏阳河的洪水对邯郸市城区造成直接威胁,减少城市防洪的压力,于1956年开挖分洪河道。支漳河起于张庄桥分洪闸,由永年区莲花口再与滏阳河汇合,全长31.33 km,流经邯山区、丛台区、经济技术开发区3个区,见图1-10。

图1-10　邯郸市行政分区

1.3.2.2 河湖、水系

支漳河是滏阳河的人工支流。在邯郸境内除支漳河外,滏阳河主要还有牤牛河、渚河、沁河、输元河、东渐河、留垒河等众多支流。其中,支漳河、东渐河和留垒河均为人工河道。为了改善邯郸市的防洪情况,削减洪峰,短期阻滞洪水,保证城区顺利泄洪,主城区附近设有黄粱梦滞洪区和永年洼滞洪区,见图1-11。

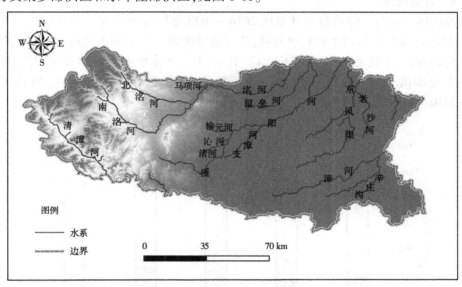

图 1-11　邯郸市主要河湖、水系分布

1.3.2.3 水文气象

支漳河属北温带大陆性季风气候,夏季炎热多雨,冬季寒冷干燥,春秋多风沙,平均气温13.4 ℃。年均降水量550 mm左右,多集中于7—9月,占年降水量的70%,春季降水稀少,降水极大值为2021年的1 394.7 mm,极小值为1986年的155.1 mm。

河流首末端设有张庄桥水文站和莲花口水文站,两站均在1963年建站。建站以来降水、径流监测情况见表1-4。

表1-4　支漳河水文站点监测情况

水文站	降水量/mm			径流量/亿 m³		
	历史最大	历史最小	多年平均	历史最大	历史最小	多年平均
张庄桥	1 394.7	179.2	504.1	6.622	0.854	2.759
莲花口	1 191.3	276.5	508.3	6.851	0.060 2	2.052

支漳河作为滏阳河的分洪道,了解滏阳河的历史洪水情况对河流防洪安全评价非常必要。经文献调研可知,滏阳河处于太行山迎风坡,源短、坡陡、流急,洪水峰高量大、河道泄量上大下小,洪水灾害时有发生,莲花口历史最大流量为69.9 m³/s(不含分洪值)。中华人民共和国成立以来,1963年、1996年、2016年和2021年发生过较大规模的水灾。莲花口(不含分洪值)各典型特大洪水流量值见表1-5。

表 1-5　莲花口(不含分洪值)各典型特大洪水流量值　　　　　　单位:m³/s

日期(年-月)	1963-08	1996-08	2016-07	2021-07
数值	69.9	32.4	21.8	61.7

1.3.2.4　社会经济

据邯山区、丛台区、经济技术开发区 2016—2020 年国民经济和社会发展统计公报,5年来,3 地区经济社会保持平稳较快发展,均位居邯郸市生产总值占比前列。现状年 3 地区生产总值 668.12 亿元,比上年增长 5%。其中,第一产业增加值 0.24 亿元,增长 1.2%;第二产业增加值 13.99 亿元,增长 6.8%;第三产业增加值 17.29 亿元,增长 4.2%。2016—2020 年支漳河流经 3 地区三产生产总值见图 1-12。

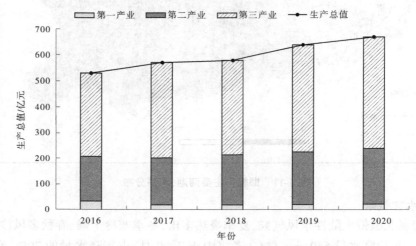

图 1-12　2016—2020 年支漳河流经 3 地区三产生产总值

现状年,在支漳河流的 3 地区中,丛台区的地区生产总值及第二、第三产业生产总值均为最大,分别为 282.29 亿元、89.18 亿元和 192.02 亿元;经济技术开发区第一产业生产总值最大,为 17.36 亿元。各区不同产业生产总值见图 1-13。由图 1-13 可以看出,邯山区和丛台区生产总值主要由第二、第三产业构成,而经济技术开发区三产业占比均匀,为 9.6∶44.2∶46.2。

在支漳河流经的 3 地区人口数据上,人口共计 133.92 万人,常住总人口 148.1 万人。其中,邯山区常住人口最多,为 61.44 万人;邯山区城镇人口最多,为 52.46 万人。

1.3.2.5　水资源利用

1. 供水量现状

2016—2020 年邯郸市支漳河流经地区总供水量总体上下波动,2017 年总供水量值最大,为 2.83 亿 m³;地表供水量 2018—2019 年降低明显,2018 年地表供水量最大,为 2.05亿 m³;地下供水量自 2017—2020 年逐年稳定降低,到 2020 年地下供水量达到最小,为0.43 亿 m³。2016—2020 年支漳河流经地区各类水源供水量变化见图 1-14。

2020 年邯郸市支漳河流经地区各类水利工程向工农业及城镇生活提供总水量 1.81亿 m³。其中,地表水 1.38 亿 m³,占总供水量的 76.2%;地下水 0.43 亿 m³,占总供水量的

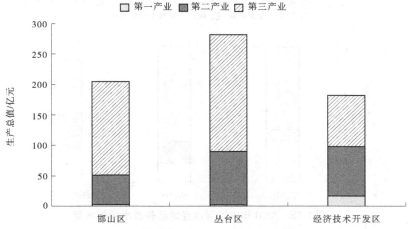

图 1-13　支漳河流经地区 2020 年的三产生产总值

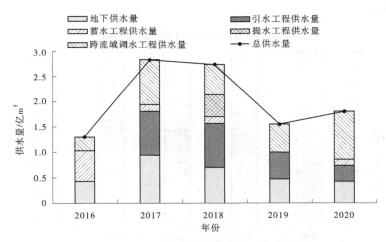

图 1-14　2016—2020 年支漳河流经地区各类水源供水量变化

23.8%;引水工程供水量 0.31 亿 m³、蓄水工程供水量 0.12 亿 m³、提水工程供水量 0 亿 m³;跨流域调水工程向全市提供水量 0.95 亿 m³。3 地区对比,邯山区地下供水量最大,为 0.19 亿 m³;丛台区跨流域调水工程供水量最大,为 0.44 亿 m³;经济技术开发区引水工程和蓄水工程供水量最大,分别为 0.16 亿 m³、0.12 亿 m³。2020 年支漳河流经地区各类水源供水量分析见图 1-15。

2. 用水量

近 5 年支漳河流经地区总用水量增加 0.15 亿 m³,2018—2019 年总用水量下降,总体呈上升趋势。在 2016—2020 年支漳河流经地区用水量占比统计中,2016—2018 年生活用水量占比最大,2019—2020 年转变为农业用水量占比最大,其中农业用水量上下波动,总体呈上升趋势,2019 年占用水总量比例最大,为 53.7%;工业用水量上下波动,总体呈缓慢下降趋势,2016 年占用水总量比例最大,为 32.2%;生活用水量总体呈平稳下降趋

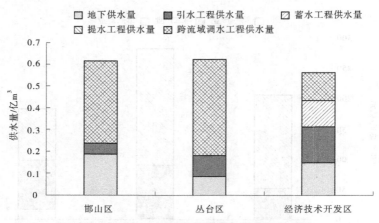

图 1-15　2020 年支漳河流经地区各类水源供水量

势,2016 年占用水总量比例最大,为 64.7%。2016—2020 年支漳河流经地区各类用水量占比见图 1-16。

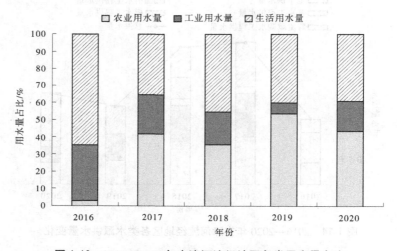

图 1-16　2016—2020 年支漳河流经地区各类用水量占比

　　2020 年支漳河流经地区农业用水量占比为 43.4%,工业用水量占比为 17.5%,生活用水量占比为 39%。其中,经济技术开发区农业用水量和农业人畜用水量最大,分别为 0.33 亿 m³、0.04 亿 m³;丛台区工业用水量和城镇生活用水量最大,分别为 0.12 亿 m³、0.23 亿 m³。2020 年支漳河流经地区各类水源用水量分析见图 1-17。

1.3.2.6　水环境及水生态

1. 水环境

1)水功能区划

　　支漳河作为滏阳河的支流,根据水系连通关系,参考滏阳河邯郸农业用水区段,该滏阳河河段自东武仕水库坝下—鸡泽县东于口村桥,长度为 152.5 km,水质目标达到地表水 Ⅴ 级,具体见表 1-6。该水功能区河段包含了张庄桥—莲花口段,故支漳河水质目标参考这一水功能区水质目标,为地表水 Ⅴ 级。

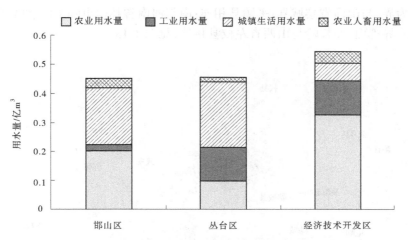

图 1-17　2020 年支漳河流经地区各类水源用水量

表 1-6　2018 年滏阳河水功能区划

水功能区名称	范围		功能排序	水质目标	区划依据
	起讫点	长度/km			
滏阳河邯郸农业用水区	东武仕水库坝下—郭桥村	164.8	农业	Ⅴ	农业

2) 主要断面水质状况

根据邯郸市生态环境局监测信息,2020 年支漳河 1—12 月国家级考核断面及省级考核断面的水质监测均能达到规定的水质类别,达标率为 100%。具体地,张庄桥水质类别好于或等于 Ⅲ 类,莲花口断面水质类别为 Ⅴ 类,整体水质为良好。富营养化评价,均属于中营养状态。上述水质均符合水功能区要求。

3) 入河排污情况

入河排污情况依据邯郸市生态环境局收集相关资料并统计。支漳河干流无排污口。

2. 水生态

经过滏阳河全域生态修复综合治理,在支漳河源头、末端打造了邯山区南湖沙滩公园、经济技术开发区月爱湖等特色生态节点,形成了一批汇水自然湿地。河道水质得到提升,河道生物多样性进一步增强。通过生态搬迁、扩渠引水等,扩展水面,栽种荷花、芦苇、花叶芦竹等观赏类和功能性植物。湿地公园目前有白鹭、杜鹃等禽鸟 170 多种。

1.3.3　清漳河

1.3.3.1　自然概况

1. 地理位置

涉县位于太行山东麓、河北省西南部、晋冀豫三省交界处,隶属河北省邯郸市。涉县县境位于北纬 36°17′~36°55′,东经 113°26′~114°00′,东西横距 37.5 km,南北最大纵距 64.5 km。

涉县东以东郊山、古脑、老爷山为界,北与武安市,南与磁县毗邻;西以黄栌垴、大寨垴、黄花山为界,与山西省黎城县、平顺县相连;南与河南省林州市隔漳河、浊漳河相望;北面有羊大垴、界牌山、左权岭与山西省左权县接壤,见图1-18。

图1-18　涉县位置示意图

2.地形地貌

涉县是全山区县,太行余脉盘桓全境,地势自西北向东南缓慢倾斜。境内最高处海拔1 562.9 m,为辽城乡的羊大垴主峰;最低处海拔203 m,为合漳乡太仓村一带漳河河床。县城旧城区平均海拔450 m,新城区平均海拔505 m。全县海拔在1 km以上的山峰有350座,见图1-19。

图1-19　流域地形地貌示意图

3. 河流水系

清漳河为海河流域漳卫南运河水系漳河两大支流之一,发源于山西省,入境后自西北向东南贯穿涉县,流经贾家庄、刘家庄、东辽城、石门、索堡、弹音、北源、涉县城、固新、匡门口、西达,在合漳村与浊漳河汇合后称漳河,以下入岳城水库。

清漳河河道总长度 294.5 km,涉县境内河道长度 61 km。清漳河流域面积 5 320 km²,涉县境内流域面积 1 170.1 km²,见图 1-20。

图 1-20　涉县河流水系

4. 气象水文

清漳河地处北温带大陆性半湿润气候区,具有典型山区气候特点,冬冷夏热,四季分明。多年平均气温 12.5 ℃,1 月最低平均气温-2.5 ℃,7 月最高平均气温 25.4 ℃,极端最低气温-18.3 ℃,极端最高气温 40.4 ℃。

降水主要受太平洋东南季风影响,一般降水量偏丰,多年平均降水量在 600 mm 左右。降水年际变化较大,年内分配不均匀,6—9 月降水量占全年降水量的 70% 以上。年日照时数 2 591 h,无霜期每年平均为 215 d,多年平均陆面蒸发量 517.6 mm。

涉县清漳河上下游分别有刘家庄和匡门口 2 座水文站。根据刘家庄水文站 1980—2021 年资料统计,刘家庄水文站多年平均天然径流量为 20 334 万 m³,多年平均流量为 6.45 m³/s;径流量的年际变化悬殊,最大年径流量(1996 年)为 69 902 万 m³,最小年径流量(1986 年)为 8 306 万 m³,最大年径流量是最小年径流量的 8.42 倍。

根据匡门口水文站 1980—2021 年资料统计,匡门口水文站多年平均天然径流量为 31 103 万 m³,多年平均流量为 9.86 m³/s;径流量的年际变化悬殊,最大年径流量(1996 年)为 99 792 万 m³,最小年径流量(1987 年)为 14 018 万 m³,最大年径流量是最小年径流量的 7.12 倍。

1.3.3.2　社会经济

涉县依托资源优势、工业优势、旅游优势和区位优势,大力推进农业产业化、新型工业化、旅游品牌化、城乡一体化进程,调整产业结构,壮大主导产业,转变增长方式,推动县域经济全面协调可持续发展。全县面积 1 509 km²,辖 1 个街道 9 个镇 8 个乡 308 个行政村 464 个自然村,2020 年末全县总人口 43.28 万人。

2020 年全县生产总值(GDP)完成 172.8 亿元,同比增长 4.5%;其中,第一产业增加 值完成 12.2 亿元,同比增长 5.1%;第二产业增加值完成 77.8 亿元,同比增长 4.9%;第三 产业增加值完成 82.8 亿元,同比增长 3.9%。三次产业结构由 2019 年的 6.5 : 45.8 : 47.7 调整为 7.1 : 45.0 : 47.9,第三产业继续拉动全县经济,成为带动就业的主力军。

1.3.3.3　水生态环境

涉县清漳河为涉县的母亲河,是涉县境内最大的河流。随着经济社会快速发展,水安 全、水污染、水环境、水生态等问题叠加呈现。

近年来,涉县县委、县政府突出生态立城,把河道综合整治作为水生态文明建设的着 力点和重要抓手,全力开展河道综合治理。按照"一河一策"的总要求,致力于水利工程 建设与水文化建设相结合的新路子,充分挖掘红色文化、女娲文化、花椒文化、后池新愚公 等精神内涵,将河道综合整治与水利工程、传统文化、乡村旅游等多元融合。

在太行红河谷文化旅游经济带总体规划布局下,先后进行了 5 期河道治理工程、太行 红河谷生态水系工程等建设,共治理清漳河河道长度 37.7 km,建有 8 座橡胶坝及 11 座 滚水坝、鱼鳞坝等蓄水工程,基本建成以安全为基础、生态为根本、景观为形体、文化为灵 魂的清漳河生态廊道。

实施的河道治理工程在提高防洪能力的同时,水环境及水生态明显得到改善。据有 关资料,2021 年涉县清漳河各监测点位水质全年基本保持在地表水Ⅲ类以上,其中地表 水Ⅱ类及以上测次占全年总测次的 62.5%。清漳河湿地公园内生物资源丰富,有芦苇、 香蒲、水芹、西洋菜等为优势种的湿地植物群落,还有国家Ⅰ级重点保护鸟类黑鹳,国家Ⅱ 级重点保护鸟类小天鹅、鸳鸯等,共有 170 多种鸟类在此生息繁衍,经济效益、生态效益和 社会效益显著。

第 2 章　河流健康评价方案

2.1　评价指标体系构建

2.1.1　河流健康评价指标体系

2021 年 9 月,河北省依据水利部河长办关于印发《河湖健康评价指南(试行)》的通知,结合河北省省情、水情和河湖实际情况,参考水利部《河湖健康评价技术导则》(SL/T 793—2020)与国内外河湖健康评价最新技术,建立了适合河北省的河湖健康评价指标体系,特制定《河北省河湖健康评价技术大纲(试行)》,对河湖健康评价总体要求、评价指标体系、健康调查监测和评价工作进行了规定,并推荐优先选用作为本次河湖健康评价的指南。

根据《技术大纲》,河流健康评价指标体系分为目标层、准则层和指标层三个层级。针对河流健康的目标,该指标体系从河流系统"盆"——形态结构完整性、"水"——水文完整性(水量)和化学完整性(水质)、"生物"——生物完整性、"社会服务功能"——社会服务功能可持续性 4 个准则层 17 个评价指标(7 个必选指标、10 个备选指标)进行评价,指标体系如表 2-1 所示。

表 2-1　河北省河流健康评价指标体系

目标层	准则层		指标层	指标类型
河流健康	"盆"		河流纵向连通指数	备选指标
			岸线自然指数	必选指标
			违规开发利用水域岸线程度	必选指标
	"水"	水量	生态流量(水量)满足程度	必选指标
			流量过程变异程度	备选指标
			河流断流程度	备选指标
		水质	水质优劣程度	必选指标
			底泥污染指数	备选指标
			水体自净能力	备选指标
	生物		大型底栖无脊椎动物生物完整性指数	必选指标
			鱼类保有指数	必选指标
			水生植物群落指数	备选指标
	社会服务功能		防洪达标率	备选指标
			供水水量保证程度	备选指标
			河流集中式饮用水水源地水质达标率	备选指标
			岸线利用管理指数	备选指标
			公众满意度	必选指标

2.1.2　指标计算方法及赋分标准

2.1.2.1　"盆"完整性

由图 2-1 可知，"盆"完整性指数包括岸线自然指数、违规开发利用水域岸线程度 2 个指标。

1. 岸线自然指数

选取岸线自然指数评价河湖岸线健康状况，它包括河（湖）岸稳定性和岸线植被覆盖度两个方面。

1）河（湖）岸稳定性

河（湖）岸稳定性采用式（2-1）计算，各指标赋分标准见表 2-2。

$$BS_r = (SA_r + SC_r + SH_r + SM_r + ST_r)/5 \tag{2-1}$$

式中：BS_r 为河（湖）岸稳定性赋分；SA_r 为岸坡倾角分值，若河岸基质为基岩，该项赋分为 100 分；SC_r 为岸坡植被覆盖度分值；SH_r 为岸坡高度分值；SM_r 为河岸基质分值，河岸基质详见图 2-1（a）；ST_r 为坡脚冲刷强度分值。

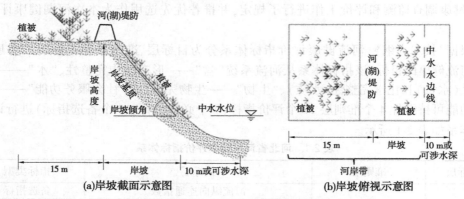

图 2-1　河（湖）岸稳定性指标示意图

表 2-2　河（湖）岸稳定性指标赋分标准

河（湖）岸特征	稳定	基本稳定	次不稳定	不稳定
分值	100	75	25	0
岸坡倾角/（°）	≤15	≤30	≤45	≤60
岸坡植被覆盖度/%	≥75	≥50	≥25	≥0
岸坡高度/m	≤1	≤2	≤3	≤5
岸坡基质（类别）	基岩	岩土	黏土	非黏土
河岸冲刷状况	无冲刷迹象	轻度冲刷	中度冲刷	重度冲刷

续表 2-2

河(湖)岸特征	稳定	基本稳定	次不稳定	不稳定
总体特征描述	近期内河(湖)岸不会发生变形破坏,无冲刷迹象	河(湖)岸结构有松动发育迹象,轻度冲刷,但近期不会发生变形和破坏	河(湖)岸松动裂痕发育趋势明显,一定条件下可导致河岸变形和破坏,中度冲刷	河(湖)岸重度冲刷,随时可能发生大的变形和破坏,或已经发生破坏

2) 岸线植被覆盖度

岸线植被覆盖度计算公式为

$$PC_r = \sum_{i=1}^{n} \frac{Lvc_i}{L} \times \frac{Ac_i}{Aa_i} \times 100\% \tag{2-2}$$

式中:PC_r 为岸线植被覆盖度赋分;Ac_i 为岸段 i 的植被覆盖面积,km^2;Aa_i 为岸段 i 的岸带面积,km^2;Lvc_i 为岸段 i 的长度,km;L 为评价岸段的总长度,km。

岸线植被覆盖度指标赋分标准见表 2-3。此项指标最终得分,依据 PC_r 在表中线性插值得到。

表 2-3　岸线植被覆盖度指标赋分标准

河湖岸线植被覆盖度/%	说明	赋分
0~5	几乎无植被	0
5~25	植被稀疏	25
25~50	中密度覆盖	50
50~75	高密度覆盖	75
>75	极高密度覆盖	100

岸线自然指数指标赋分按式(2-3)计算:

$$BH = BS_r \cdot BS_w + PC_r \cdot PC_w \tag{2-3}$$

式中:BH 为岸线自然指数指标赋分;BS_r 为河(湖)岸稳定性赋分;PC_r 为岸线植被覆盖度赋分;BS_w 为河(湖)岸稳定性权重(见表 2-4);PC_w 为岸线植被覆盖度权重(见表 2-4)。

表 2-4　岸线自然指数指标权重

序号	名称	符号	权重
1	河(湖)岸稳定性	BS_w	0.4
2	岸线植被覆盖度	PC_w	0.6

2.违规开发利用水域岸线程度

违规开发利用水域岸线程度综合考虑了入河湖排污口规范化建设率、入河排污口布局合理程度和河湖"四乱"状况,采用各指标的加权平均值,各指标权重见表2-5。其中,入河湖排污口布局合理程度为备选指标。

表2-5　违规开发利用水域岸线程度指标权重

序号	名称	权重
1	入河湖排污口规范化建设率	0.2
2	入河湖排污口布局合理程度	0.2
3	河湖"四乱"状况	0.6

各分项指标计算赋分方法如下。

1)入河湖排污口规范化建设率

入河湖排污口规范化建设率是指已按照要求开展规范化建设的入河排污口数量比例。入河湖排污口规范化建设是指实现入河湖排污口"看得见、可测量"的目标,其中包括:对暗管和潜没式排污口,要求在院墙外、入河湖前设置明渠段或取样井,以便监督采样;在排污口入河湖处竖立内容规范的标志牌,公布举报电话等举报途径;因地制宜,对重点排污口安装在线监测设施,强化对其排污情况的实时监管和信息共享。

指标赋分值按照以下公式:

$$R_G = N_i/N \times 100 \tag{2-4}$$

式中:R_G 为入河湖排污口规范化建设率赋分;N_i 为开展规范化建设的入河排污口数量,个;N 为入河湖排污口总数,个。

若出现日排放量>300 m³ 或年排放量>10 万 m³ 的未规范化建设的排污口,该项得0分。

2)入河湖排污口布局合理程度

评价入河湖排污口合规性及其混合区规模,赋分标准见表2-6,根据实际情况确定对应分级,取其中最差级别确定最终得分。

表2-6　入河湖排污口布局合理程度赋分标准

分级	入河湖排污口设置情况	赋分
1	河域无入河湖排污口	100 分
2	(1)饮用水水源一、二级保护区均无入河排污口; (2)仅排污控制区有入河排污口,且不影响邻近水功能区水质达标,其他水功能区无入河排污口	符合第(1)和(2)条得 80 分,仅符合第(1)条得 70 分
3	(1)饮用水水源一、二级保护区均无入河排污口; (2)河流:排污口形成的污水带(混合区)长度小于 1 km,或宽度小于1/4 河宽	符合第(1)条和第(2)条得 60 分;仅符合第(1)条得 50 分

续表 2-6

分级	入河湖排污口设置情况	赋分
4	(1)饮用水水源二级保护区存在入河排污口； (2)河流:排污口形成的污水带(混合区)长度大于 1 km,或宽度为 1/4~1/2 河宽	符合任何 1 条得 40 分;符合任何 2 条得 20 分
5	(1)饮用水水源一级保护区存在入河湖(库)排污口； (2)河流:二级保护区无入河排污口,但排污口形成的污水带(混合区)长度大于 2 km,或宽度大于 1/2 河宽	符合其中任何 1 条 0 分

3)河湖"四乱"状况

无"四乱"状况的河段赋分为 100 分,"四乱"扣分时应考虑其严重程度,扣完为止,赋分标准见表 2-7。

表 2-7　河湖"四乱"状况赋分标准

类型	"四乱"问题扣分标准(每发现 1 处)		
	一般问题	较严重问题	重大问题
乱采	-5	-25	-50 分
乱占	-5	(1)临水边界线以内,-25; (2)临水边界线以外,且在河湖管理线以内,-10	(1)临水边界线以内,-50; (2)临水边界线以外,且在河湖管理线以内,-30
乱堆	-5	(1)临水边界线以内,-25; (2)临水边界线以外,且在河湖管理线以内,-10	(1)临水边界线以内,-50; (2)临水边界线以外,且在河湖管理线以内,-30
乱建	-5	(1)临水边界线以内,-25; (2)临水边界线以外,且在河湖管理线以内,-10	(1)临水边界线以内,-50; (2)临水边界线以外,且在河湖管理线以内,-30

2.1.2.2　"水"完整性

根据河北省河流评价指标体系,"水"完整性包括水量和水质 2 个方面,采用 5 个指标进行评价,其中水量方面的指标为生态流量(水量)满足程度和河流断流程度 2 个指标,水质方面的指标包括水质优劣程度、底泥污染指数和水体自净能力 3 个指标。

1. 生态流量(水量)满足程度

对于已批复生态水量保障实施方案的滏阳河,依据《技术大纲》,滏阳河生态水量目标值的确定直接采用批复成果。

2. 河流断流程度

依据《技术大纲》,通过评价非自然情况下的河流断流状况,来反映水资源利用强度及其对水生态系统的影响程度。采用本年度评价天数内,断流天数的比例进行评估,其赋分标准见表 2-8,最终赋分采用线性插值方法得到。

表 2-8　河流断流程度赋分标准

断流比例/%	赋分
≥50	0
40	20
30	40
20	60
10	80
0	100

3. 水质优劣程度

水样的采样布点、监测频率及监测数据的处理应遵循《水环境监测规范》(SL 219—2013)相关规定,水质评价应遵循《地表水环境质量标准》(GB 3838—2002)相关规定。有多次监测数据时应采用多次监测结果的平均值,有多个断面监测数据时应以各监测断面的代表性河长作为权重,计算各个断面监测结果的加权平均值。

水质优劣程度评判时水质参评项目选择应符合各地水质指标考核的要求,推荐 pH、溶解氧、高锰酸盐指数、氨氮、总磷 5 项指标为必评项目。由评价时段内最差水质项目的水质类别代表该河流(湖泊)的水质类别,将该项目实测浓度值依据《地表水环境质量标准》(GB 3838—2002)水质类别标准值和对照评分阈值进行线性内插得到评分值,赋分采用线性插值,对照评分见表 2-9。当有多个水质项目浓度均为最差水质类别时,分别进行评分计算,取最低值。

对于直接采用生态环境质量公报中各断面水质类别,无具体监测数据的,可直接参照表 2-9,取中值进行赋分。

表 2-9　水质优劣程度评价赋分标准

水质类别	I、II	III	IV	V	劣V
赋分	[90,100]	[75,90)	[60,75)	[40,60)	[0,40)

基于现有水质监测站点,根据评价河段划分情况,选择每个评价河段的代表性断面,

优先采用国家级考核断面及省级考核断面。对于全年河干的断面,水质优劣程度不参评。

4. 底泥污染指数

采用底泥污染指数即底泥中每一项污染物浓度占对应标准值的百分比进行评价。底泥污染指数赋分时选用超标浓度最高的污染物倍数值,赋分标准见表 2-10。污染物浓度标准值参考《土壤环境质量　农用地土壤污染风险管控标准(试行)》(GB 15618—2018)。最终赋分采用线性插值方法得到。

表 2-10　底泥污染指数赋分标准

底泥污染指数	<1	2	3	5	>5
赋分	100	60	40	20	0

5. 水体自净能力

选择水中溶解氧浓度衡量水体自净能力,赋分标准见表 2-11,最终赋分采用线性插值方法得到。溶解氧(DO)对水生动植物十分重要,过高和过低的 DO 对水生生物均造成危害。饱和值与压强和温度有关,若溶解氧浓度超过当地大气压下饱和值的 110%(在饱和值无法测算时,建议饱和值是 14.4 mg/L 或饱和度 192%),此项 0 分。

表 2-11　水体自净能力赋分标准

溶解氧浓度/(mg/L)	饱和度≥90%(≥7.5)	≥6	≥3	≥2	0
赋分	100	80	30	10	0

2.1.2.3　生物完整性

根据河北省河流评价指标体系,结合实际情况,本次生物完整性准则层的调查评价选用大型底栖无脊椎动物生物完整性指数、鱼类保有指数、水生植物群落指数 3 个指标进行评价。

1. 大型底栖无脊椎动物生物完整性指数

大型底栖无脊椎动物生物完整性指数(BIBI)通过对比参考点和受损点大型底栖无脊椎动物状况进行评价。基于候选指标库选取核心评价指标,对评价河湖底栖生物调查数据按照评价参数分值计算方法,计算 BIBI 指数监测值,根据河湖所在水生态分区 BIBI 最佳期望值,按照以下公式计算 BIBI 指标赋分。

$$BIBIS = \frac{BIBIO}{BIBIE} \times 100\% \qquad (2-5)$$

式中:BIBIS 为评价河湖大型底栖无脊椎动物生物完整性指数赋分;BIBIO 为评价河湖大型底栖无脊椎动物生物完整性指数监测值;BIBIE 为河湖所在水生态分区大型底栖无脊椎动物生物完整性指数最佳期望值。

其中:①参考点和受损点的选择:大型底栖无脊椎动物采样监测方案设计应根据评价河流所在水生态分区确定,采样点应包括不同程度人类活动干扰影响的区域,其中以无明显人为活动影响的采样点作为参考点,明显受到人为活动影响的采样点作为受损点。②评价参数应包括能充分反映大型底栖无脊椎动物物种多样性、丰富性、群落结构组成、耐污能力、功能摄食类群和生活型等类型的参数。大型底栖无脊椎动物生物完整性指数评价参数的选取如表 2-12 所示。在核心参数的选择上，对评价参数先后进行判别能力分析、冗余度分析和变异度分析，筛选并淘汰不能充分反映水生态系统受损情况的参数。

表 2-12　大型底栖无脊椎动物生物完整性指数评价参数的选取

类群	评价参数编号	评价参数
多样性和丰富性	1	总分类单元数
	2	蜉蝣目、毛翅目和襀翅目分类单元数
	3	蜉蝣目分类单元数
	4	襀翅目分类单元数
	5	毛翅目分类单元数
群落结构组成	6	蜉蝣目、毛翅目和襀翅目个体数百分比
	7	蜉蝣目个体数百分比
	8	摇蚊类个体数百分比
耐污能力	9	敏感类群分类单元数
	10	耐污类群个体数百分比
	11	Hilsenhoff 生物指数
	12	优势类群个体数百分比
	13	大型无脊椎动物敏感类群评价指数（BMWP 指数）
	14	科级耐污指数（FBI 指数）
功能摄食类群与生活型	15	黏附者分类单元数
	16	黏附者个体数百分比
	17	滤食者个体数百分比
	18	刮食者个体数百分比

判别能力分析：比较参考点和受损点各个评价参数箱体 IQ（25%分位数至 75%分位数之间）的重叠程度，选取箱体没有重叠或有部分重叠，但各自中位数均在对方箱体范围之外的参数，保留做进一步分析使用。

2. 鱼类保有指数

评价现状鱼类种数与历史参考点鱼类种数的差异状况，按照式（2-6）计算，赋分标准见表 2-13，最终赋分采用线性插值方法得到。对于较大型河流，可分区查询历史参考值和监测现状值。对于无法获取历史鱼类监测数据的评价区域，可采用专家咨询的方法确定。调查鱼类种数不包括外来鱼种。鱼类调查取样监测可按鱼类调查技术标准确定。

$$FOEI = \frac{FO}{FE} \times 100\% \qquad (2\text{-}6)$$

式中:FOEI 为鱼类保有指数;FO 为评价河湖调查获得的鱼类种类数量(剔除外来物种),种;FE 为 1980 年以前评价河湖的鱼类种类数量,种。

表 2-13　鱼类保有指数赋分标准

鱼类保有指数/%	100	75	50	25	0
赋分	100	60	30	10	0

3. 水生植物群落指数

水生植物群落包括挺水植物、沉水植物、浮叶植物、漂浮植物等大型水生植物。对监测河段内的水生植物种类、数量、外来物种入侵状况进行调查,结合现场验证,按照丰富、较丰富、一般、较少、无 5 个等级分析水生植物群落状况,存在外来物种入侵现象时,取低值。水生植物群落指数赋分标准见表 2-14。

表 2-14　水生植物群落指数赋分标准

水生植物群落指数分级	指标描述	分值
丰富	水生植物种类很多,配置合理,植株密闭	100~90
较丰富	水生植物种类多,配置较合理,植株数量多	90~80
一般	水生植物种类尚多,植株数量不多且散布	80~60
较少	水生植物种类单一,植株数量很少且稀疏	60~30
无	难以观测到水生植物	30~0

2.1.2.4　社会服务功能完整性

根据河北省河流评价指标体系,社会服务功能完整性准则层选用防洪达标率、供水水量保证程度、岸线利用管理指数、公众满意度 4 个指标进行评价。

1. 防洪达标率

评价河湖堤防及沿河(环湖)口门建筑物防洪达标情况,其中 1 级、2 级堤防欠高 0.5 m 以内,3 级、4 级堤防欠高 0.3 m 以内,5 级堤防欠高 0.2 m 以内的,按达标统计。河流堤防防洪达标率、堤防交叉建筑物防洪达标率按照式(2-7)和式(2-8)计算。河流防洪达标率,无堤防交叉建筑物的,统计达到防洪标准的堤防长度占堤防总长度的比例,按式(2-9)计算;有堤防交叉建筑物的,须考虑堤防交叉建设物防洪标准达标比例,按照式(2-10)计算。无相关规划对防洪达标标准规定时,可参照《防洪标准》(GB 50201—2014)确定。河流防洪达标率赋分标准见表 2-15,最终赋分采用线性插值方法得到。

$$RDAI = \frac{RDA}{RD} \times 100\% \qquad (2\text{-}7)$$

$$SLI = \frac{SL}{SSL} \times 100\% \tag{2-8}$$

$$FDRI = RDAI \times 100\% \tag{2-9}$$

$$FDRI = (RDAI + SLI) \times \frac{1}{2} \times 100\% \tag{2-10}$$

式中:RDAI 为河流堤防防洪达标率;RDA 为河流达到防洪标准的堤防长度,m;RD 为河流堤防总长度,m;SLI 为河流堤防交叉建筑物防洪达标率;SL 为河流堤防交叉建筑物达标个数;SSL 为河流堤防交叉建筑物总个数;FDRI 为河流防洪达标率。

表 2-15　河流防洪达标率赋分标准

防洪达标率/%	≥95	90	85	70	≤50
赋分	100	75	50	25	0

2. 供水水量保证程度

按照长系列资料计算或其他资料的实际供水保证率与设计供水保证率之比计算供水水量保证程度。

$$R_{gs} = \frac{D_0}{D_n} \times 100\% \tag{2-11}$$

式中:R_{gs} 为供水水量保证程度;D_0 为实际供水保证率;D_n 为设计供水保证率。

供水水量保证程度赋分标准见表 2-16。

表 2-16　供水水量保证程度赋分标准

供水水量保证程度/%	[95,100]	[85,95)	[60,85)	[20,60)	[0,20)
赋分	100	[85,100)	[60,85)	[20,60]	[0,20)

3. 岸线利用管理指数

岸线利用管理指数指河流岸线保护完好程度,按式(2-12)进行赋分。岸线利用管理指数包括两个组成部分:岸线利用率,即已利用生产岸线长度占河岸线总长度的百分比;已利用岸线完好率,即已利用生产岸线经保护恢复到原状(岸线不降低河湖行洪、生态等功能)的长度占已利用生产岸线总长度的百分比。

$$R_u = \frac{L_n - L_u + L_0}{L_n} \tag{2-12}$$

式中:R_u 为岸线利用管理指数;L_u 为已开发利用岸线长度,km;L_n 为岸线总长度,km;L_0 为已利用岸线经保护完好的长度,km。

岸线利用管理指数赋分值=岸线利用管理指数×100

4. 公众满意度

公众满意度指标用于评价公众对河湖环境、水质水量、涉水景观等的满意程度,采用公众调查方法评价,其赋分取评价流域(区域)内受调查人员赋分的平均值。受调查人员应包括社会公众和河湖管理相关政府部门(水利、环保、当地政府等)工作人员。公众满意度指标赋分标准如表 2-17 所示,赋分采用区间内线性插值。

表 2-17　公众满意度指标赋分标准

公众满意度	[95,100]	[80,95)	[60,80)	[30,60)	[0,30)
赋分	100	80	60	30	0

2.2　健康评价模型

2.2.1　评价指标体系构建

2.2.1.1　准则层权重设置

本次评价各个准则层的权重设置,按照《技术大纲》确定的赋分权重进行设置,河湖健康评价采用分级指标评分法,逐级加权,综合计算评分,赋分权重应符合图 2-2。

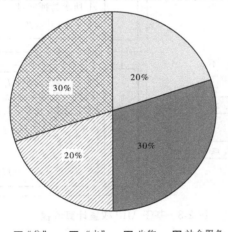

图 2-2　河湖健康准则层赋分权重

2.2.1.2　指标层权重设置

采用 AHP 层次分析法,将定量分析和定性分析相结合、专家打分和矩阵判断相结合。其中,在"盆"、"水"、生物和社会服务功能准则层内,针对不同指标的重要程度,通过征询专家,对指标两两进行比较,判断各指标之间能否实现的相对重要程度,之后分别构建判断矩阵,依据图 2-3 所示公式及流程,最终计算得到各指标的权重。

2.2.1.3　邯郸市河流健康评价权重

按照《技术大纲》的技术规定要求,综合指标层和准则层权重设置的结果,可最终确定邯郸市河流健康评价指标体系的权重设置结果。

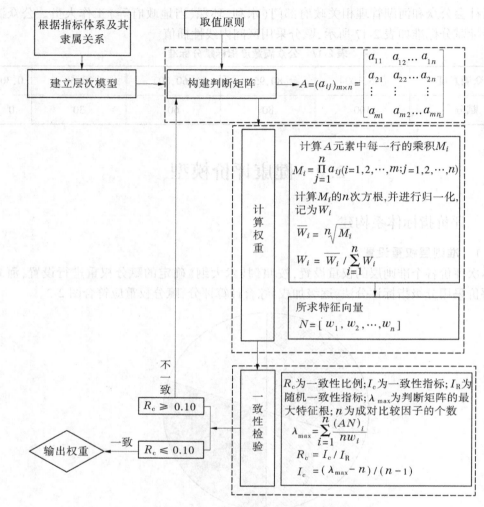

图 2-3　基于 AHP 权重计算流程

2.2.2　河流健康状况赋分

2.2.2.1　评价河段健康状况赋分

对河湖健康进行综合评价时,按照目标层、准则层及指标层逐层加权的方法,计算得到河湖健康最终评价结果,计算公式如下:

$$\text{RHI}_i = \sum_{i=1}^{m} \left[\text{YMB}_{mw} \times \sum_{i=1}^{n} \left(\text{ZB}_{nw} \times \text{ZB}_{nr} \right) \right] \qquad (2\text{-}13)$$

式中:RHI_i 为第 i 评价河段健康综合赋分;ZB_{nw} 为指标层第 n 个指标的权重;ZB_{nr} 为指标层第 n 个指标的赋分;YMB_{mw} 为准则层第 m 个准则层的权重。

2.2.2.2　河湖健康状况赋分

河流、湖泊分别采用河段长度、湖泊水面面积为权重按照公式进行河湖健康赋分计算:

$$RHI = \frac{\sum_{i=1}^{R_s}(RHI_i \times W_i)}{\sum_{i=1}^{R_s}W_i} \tag{2-14}$$

式中:RHI 为河湖健康综合赋分;RHI_i 为第 i 个评价河段或评价湖泊区河湖健康综合赋分;W_i 为第 i 个评价河段的长度,km,或第 i 个评价湖区的水面面积,km^2;R_s 为评价河段数量,个。

2.2.3　河流健康分类

依据《技术大纲》,河湖健康分类根据评估指标综合赋分确定,采用百分制,根据河湖健康评价赋分数值,将河湖健康分为五类:一类河湖(非常健康)、二类河湖(健康)、三类河湖(亚健康)、四类河湖(不健康)、五类河湖(劣态)。

河湖健康分类、状态、赋分范围、颜色和 RGB 色值说明见表 2-18。

表 2-18　河湖健康评价分级

分类	状态	赋分范围	颜色		RGB 色值
一类河湖	非常健康	$90 \leqslant RHI \leqslant 100$	蓝		0,180,255
二类河湖	健康	$75 \leqslant RHI < 90$	绿		150,200,80
三类河湖	亚健康	$60 \leqslant RHI < 75$	黄		255,255,0
四类河湖	不健康	$40 \leqslant RHI < 60$	橙		255,165,0
五类河湖	劣态	$RHI < 40$	红		255,0,0

评定为一类河湖,说明河湖在形态结构完整性、水文完整性、化学完整性、生物完整性、社会服务功能可持续性等方面综合表现为非常健康状态。

评定为二类河湖,说明河湖在形态结构完整性、水文完整性、化学完整性、生物完整性、社会服务功能可持续性等方面综合表现为健康状态,但在河湖生态系统可能存在受损,应识别可能存在的水资源、水环境、水生态风险及问题。

评定为三类河湖,说明河湖在形态结构完整性、水文完整性、化学完整性、生物完整性、社会服务功能可持续性等方面存在缺陷,整体处于亚健康状态,应当识别河湖不健康的表征,分析不健康的原因,加强日常维护和监管力度,及时对局部缺陷进行治理修复,逐步消除影响健康的隐患。

评定为四类河湖,说明河湖在形态结构完整性、水文完整性、化学完整性、生物完整性、社会服务功能可持续性等方面存在明显缺陷的水生态问题,综合表现为不健康状态,存在明显的水资源、水环境、水生态问题,河湖生态系统受损较为严重,社会服务功能较弱,应详细识别河湖不健康表征,针对性分析河湖不健康的原因,应当采取综合措施对河湖进行治理修复,改善河湖面貌,提升河湖水环境。

评定为五类河湖,说明河湖在形态结构完整性、水文完整性、化学完整性、生物完整性、社会服务功能可持续性等存在严重问题,河湖生态系统受损严重,总体处于劣态,社会服务功能丧失,必须采取综合性措施,重塑河湖形态和生境,逐步恢复河湖形态结构、水文水资源、水环境、水生态及功能状态。

2.3　滏阳河模型

2.3.1　指标体系

滏阳河是邯郸市的母亲河,是一条集防洪、灌溉、排涝、航运等综合利用功能为一体的骨干河道。随着滏阳河全域综合治理的实施,以汇水自然湿地、滨湖生态湿地、引黄调蓄湿地等为典型节点的绿色生态带将逐步实现。本项目立足滏阳河的实际特点,基于课题组实际调研及历史资料收集情况,进一步理解"盆"、"水"、生物、社会服务功能这4项准则层设置的目的和意义,从邯郸河湖管理的精细化需求出发,尽量做到评价指标的全覆盖(见表2-1)。

2019年起,东武仕水库不再作为备用饮用水水源地,故滏阳河已无河流集中式饮用水水源功能。因此,在本次评价中,河流集中式饮用水水源地水质达标率不作为评价指标。

滏阳河近10年来未曾断流,且流域无洄游鱼类,故河流上闸坝对河流纵向连通影响较小,对生物多样性和完整性影响较小,因此选择河流纵向连通指标意义不大。

滏阳河上仅东武仕水库、张庄桥和莲花口3个水文站,水文站点少,而涉及用水户众多,还原计算难以准确,故本次评价中,流量过程变异程度也不作为评价指标。

由于2022年滏阳河全域生态修复工程在部分河段如火如荼地进行中,河道清淤施工改变了原有的河道生态植被和栖息地情况,鉴于此,本次评价水生植物群落指数不作为评价指标。

综上各种考虑,形成滏阳河本次评价的指标体系:4个准则层、13个评价指标(8个必选、5 个备选指标），如图 2-4 所示。

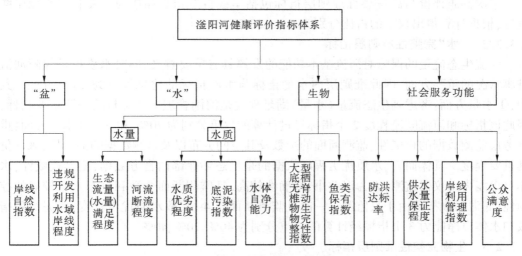

图 2-4　滏阳河健康评价指标体系

2.3.2　权重

各个准则层内指标赋分权重如表 2-19 所示。

表 2-19　滏阳河健康评价指标赋分权重

准则层（权重）		指标层	指标占准则层权重	最终权重
"盆"（20%）		岸线自然指数	50%	10%
		违规开发利用水域岸线程度	50%	10%
"水"（30%）	水量（15%）	生态流量（水量）满足程度	70%	10.5%
		河流断流程度	30%	4.5%
	水质（15%）	水质优劣程度	40%	6%
		底泥污染指数	20%	3%
		水体自净能力	40%	6%
生物（20%）		大型底栖无脊椎动物生物完整性指数	50%	10%
		鱼类保有指数	50%	10%
社会服务功能（30%）		防洪达标率	20%	6%
		供水水量保证程度	20%	6%
		岸线利用管理指数	20%	6%
		公众满意度	40%	12%

2.3.2.1 "盆"完整性准则层指标

本次健康评价"盆"完整性准则层指标包括岸线自然指数和违规开发利用水域岸线程度,根据计算得出权重的占比分别为 50%、50%。

2.3.2.2 "水"完整性准则层指标

河流生态流量的保障对河流基本功能的发挥具有重要意义,同时水质也是保障河流健康状况的重要方面,因此准则层内水量指标与水质指标的比例设置为 50%、50%。其中,①水量方面:考虑到生态流量(水量)满足程度是河湖管理单独考核的一项重要指标,因此该指标和河流断流程度 2 个指标经过计算的权重分别为 70%、30%。②水质方面:重点考虑监测数据的权威性、监测断面的个数及其空间分布以及监测数据的准确性,来评价其重要程度。具体而言,水质优劣程度依据的是生态环保部门官方数据,更具权威性;水体自净能力由仪器监测,人为误差小,准确性较高,且监测断面个数和分布具有较好的控制性;底泥污染指数由于只监测了一次且监测断面仅 4 个,故水质优劣程度、底泥污染指数和水体自净能力 3 个指标经计算的权重分别为 40%、20%、40%。

2.3.2.3 生物完整性准则层指标

本次生物完整性准则层调查评价方面大型底栖无脊椎动物生物完整性指数和鱼类保有指数 2 个指标的权重分别为 50%、50%。

2.3.2.4 社会服务功能准则层指标

本次社会服务功能准则层调查评价方面防洪达标率、供水水量保证程度、岸线利用管理指数和公众满意度 4 个指标的权重分别为 20%、20%、20%、40%。

按照《技术大纲》的技术规定要求,综合指标层和准则层权重设置的结果,可最终确定邯郸市滏阳河健康评价指标体系的各权重,如图 2-5 所示。

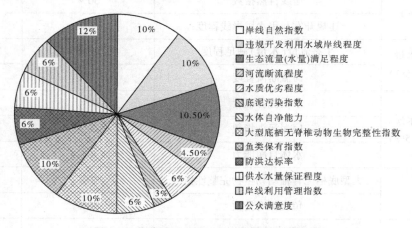

图 2-5　邯郸市滏阳河河流健康评价权重分布

2.3.3　河流健康状况赋分

根据《技术大纲》确定河湖健康评价方法,滏阳河健康评价采用分级指标评分法,逐级加权,综合评分,获得评价河流健康指数,依据式(2-13),对各评价河段健康状况进行综合赋分,赋分结果见表 2-20。

表 2-20　滏阳河整体健康状况评价赋分

序号	评价县(区)	河段长度/km	评价河段长度占评价河流、总长度的比例/%	评价河段健康赋分	健康赋分
1	峰峰矿区	28.25	14	92.00	
2	磁县	21.88	11	93.70	
3	冀南新区	16.0	8	88.28	
4	邯山区	14.5	7	89.75	
5	丛台区	21.8	11	90.67	90.68
6	经济技术开发区	33.0	16	91.40	
7	永年区	31.0	15	91.81	
8	曲周县	27.0	13	88.42	
9	鸡泽县	12.0	6	86.64	

2.4　支漳河模型

2.4.1　指标体系

支漳河是一条集防洪、灌溉、排涝、航运等综合利用功能为一体的骨干河道。随着滏阳河全域综合治理的实施,以汇水自然湿地、滨湖生态湿地等为典型节点的绿色生态带将逐步实现。本项目立足支漳河的实际特点,基于课题组实际调研及历史资料收集情况,进一步理解"盆"、"水"、生物、社会服务功能这 4 项准则层设置的目的和意义,从邯郸河湖管理的精细化需求出发,尽量做到评价指标的全覆盖,见表 2-1。

由于支漳河为人工开挖泄洪、生态用水河道,无河流集中式饮用水水源功能,无供水功能,故在本次评价中,河流集中式饮用水水源地水质达标率以及供水保证率均不作为评价指标。

由于支漳河一直保有水量,且整个滏阳河流域无洄游鱼类,故河流上闸坝对河流纵向连通影响较小,对生物多样性和完整性影响较小,故选择河流纵向连通指标意义不大。

张庄桥和莲花口分别为支漳河的起讫段,水文站点少,而涉及用水户众多,还原计算难以准确,故本次评价中,流量过程变异程度也不作为评价指标。

由于支漳河为行洪河道,每年都有河道清淤,鉴于此,本次评价水生植物群落指数不作为评价指标。

综上各种考虑,形成支漳河本次评价的指标体系:4 个准则层、12 个评价指标(8 个必选、4 个备选指标),如图 2-6 所示。

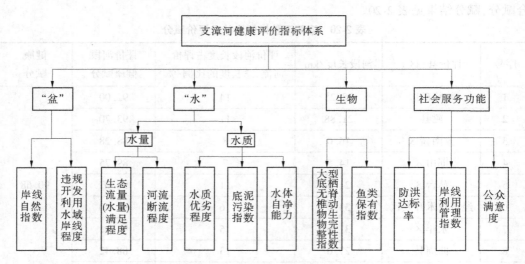

图 2-6　支漳河健康评价指标体系

2.4.2　权重

各个准则层内指标赋分权重如表 2-21 所示。

表 2-21　支漳河健康评价指标赋分权重

准则层（权重）		指标层	指标占准则层权重	最终权重
"盆"（20%）		岸线自然指数	50%	10%
		违规开发利用水域岸线程度	50%	10%
"水"（30%）	水量（15%）	生态流量（水量）满足程度	70%	10.5%
		河流断流程度	30%	4.5%
	水质（15%）	水质优劣程度	40%	6%
		底泥污染指数	20%	3%
		水体自净能力	40%	6%
生物（20%）		大型底栖无脊椎动物生物完整性指数	50%	10%
		鱼类保有指数	50%	10%
社会服务功能（30%）		防洪达标率	40%	12%
		岸线利用管理指数	30%	9%
		公众满意度	30%	9%

按照《技术大纲》的技术规定要求，综合指标层和准则层权重设置的结果，可最终确定邯郸市支漳河健康评价指标体系各权重情况如图 2-7 所示。

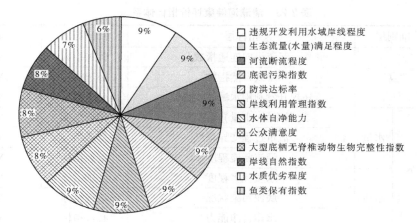

图 2-7　支漳河河流健康评价权重分布

2.4.3　河流健康状况赋分

根据 2.1.2.2,按照各个河段长度占邯郸市境内支漳河总长度的比例作为加权系数,依据各个河段健康分值加权获得支漳河整体河流健康的得分为 89.79 分,处于“健康”的状态,评价分类为二类,赋分详见表 2-22。

表 2-22　支漳河整体河流健康状况评价赋分

序号	评价区	河段长度/km	评价河段长度占评价河流、总长度的比例/%	评价河段健康赋分	健康赋分
1	邯山区	7.03	23	87.76	
2	丛台区	9.44	30	90.53	89.79
3	经济技术开发区	14.86	47	89.25	

2.5　清漳河模型

2.5.1　指标体系

本次清漳河健康评价所构建指标体系由《技术大纲》规定的评价指标体系中的 8 个全部必选指标和 5 个备选指标构成,如表 2-23 所示。

2.5.2　权重

按照《技术大纲》的技术规定要求,综合指标层和准则层权重设置的结果,确定涉县清漳河健康评价指标体系的权重,设置结果如表 2-24 所示。

表 2-23　清漳河健康评价指标体系

目标层	准则层		指标层	指标类型	本次调查指标
河流健康	"盆"		河流纵向连通指数	备选指标	√
			岸线自然指数	必选指标	√
			违规开发利用水域岸线程度	必选指标	√
	水	水量	生态流量(水量)满足程度	必选指标	√
			流量过程变异程度	备选指标	√
			河流断流程度	备选指标	√
		水质	水质优劣程度	必选指标	√
			底泥污染状况	备选指标	√
			水体自净能力	必选指标	√
	生物		大型底栖无脊椎动物生物完整性指数	必选指标	√
			鱼类保有指数	必选指标	√
			水生植物群落	备选指标	
	社会服务功能		防洪达标率	备选指标	
			供水水量保证程度	备选指标	
			河流集中式饮用水水源地水质达标率	备选指标	
			岸线利用管理指数	备选指标	√
			公众满意度	必选指标	√

表 2-24　涉县清漳河健康评价指标赋分权重

目标层	准则层		准则层权重	指标层	指标层权重
河流健康	"盆"		20%	河流纵向连通指数	40%
				岸线自然指数	30%
				违规开发利用水域岸线程度	30%
	"水"	水量(50%)	30%	生态流量(水量)满足程度	40%
				流量过程变异程度	30%
				河流断流程度	30%
		水质(50%)		水质优劣程度	40%
				底泥污染状况	30%
				水体自净能力	30%
	生物		20%	大型底栖无脊椎动物生物完整性指数	50%
				鱼类保有指数	50%
	社会服务功能		30%	岸线利用管理指数	50%
				公众满意度	50%

2.5.3　河流健康状况赋分

　　根据《技术大纲》确定的河湖健康评价方法,按照各个河段长度占涉县清漳河总长度的比例作为加权系数,依据各个河段健康分值加权获得涉县清漳河整体河流健康的得分为 88.33 分,处于"健康"状态,评价分类为二类河湖,赋分见表 2-25。

表 2-25　清漳河整体健康状况赋分

河段	起止断面	河段长度/km	河段占比/%	各河段健康赋分	清漳河整体健康赋分
1	刘家庄—索堡	12	20	88.58	
2	索堡—赤岸	10	16	86.82	
3	赤岸—连泉	12	20	86.95	88.33
4	连泉—匡门口	11	18	89.74	
5	匡门口—合漳	16	26	89.15	

第 3 章　滏阳河健康评价调查

3.1　评价范围及河段划分

3.1.1　评价范围确定

本次健康评价的河流对象是滏阳河,如图 3-1 所示。根据合同,评价范围起始点为黑龙洞泉域,考虑到滏阳河峰峰段源头治理,评价范围自黑龙洞泉域延伸至峰峰矿区的金村源头,止于鸡泽县东于口村桥,评价河段长度为 184 km。

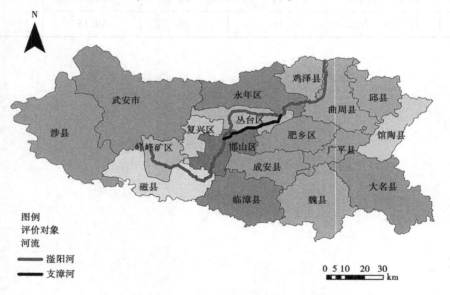

图 3-1　滏阳河位置示意图

3.1.2　评价河段划分

经过现场踏勘和资料收集可知,滏阳河分别流经峰峰矿区、磁县、冀南新区、邯山区、丛台区、经济技术开发区、永年区、曲周县和鸡泽县。流经的各县(区)的镇(乡)和自然村的基本情况如下:峰峰矿区 5 个镇(乡)37 个村,磁县 2 个镇(乡)26 个村,冀南新区 4 个镇(乡)25 个村,邯山区 2 个镇(乡)5 个街道 22 个村,丛台区柳林桥、丛东、光明桥街道办、苏曹乡、黄粱梦镇、南吕固乡 6 个镇(乡)27 个村,经济技术开发区 5 个镇(乡)24 个村,永年区 3 个镇(乡)37 个村,曲周县 3 个镇 26 个村,鸡泽县 3 个镇(乡)25 个村,具体如表 3-1 所示。

表 3-1　滏阳河流经区域概况

序号	县（区）	长度/km	流经乡（镇、街道）	流经村庄/社区/个
1	峰峰矿区	28.25	和村镇、义井镇、彭城镇、滏阳东路街道、西固义乡	37
2	磁县	21.88	路村营乡、磁州镇	26
3	冀南新区	16.0	高臾镇、城南办、马头镇、花官营乡	25
4	邯山区	14.5	北张庄镇、马庄乡、渚河路街道、罗城头街道、滏东街道、光明街道、浴新南街道	22
5	丛台区	21.8	柳林桥、丛东、光明桥街道办、苏曹乡、黄粱梦镇、南吕固乡	27
6	经济技术开发区	33.0	经济技术开发区东区、尚璧镇、南沿村镇、小西堡乡、姚寨乡	24
7	永年区	31.0	广府镇、西河庄乡、张西堡镇	37
8	曲周县	27.0	白寨镇、曲周镇、第四瞳镇	26
9	鸡泽县	12.0	吴官营镇、小寨镇、曹庄乡	25

　　经过现场踏勘和资料收集，了解了不同县（区）滏阳河的水文特征、河床及河岸带形态、水质状况、水生生物等情况，结合经济社会发展特征，充分考虑评价的相似性与差异性，按照评价工作的需求，根据《技术大纲》，对邯郸市滏阳河流经的不同行政分区，分段开展健康评价。依据不同河段评价结果，由上游到下游出境，可针对性地辨别邯郸市滏阳河不同评价河段的差异性特征和主导性特点并进行健康诊断。进一步地，结合河长制管理工作需求，对标不同县（区）河流健康状况提出改进和治理建议。

3.1.2.1　评价河段划分方法

　　河流分段应根据滏阳河水文特征、河床及河滨带形态、水质状况、水生生物特征以及流域经济社会发展特征的相同性和差异性，同时以河长管辖段为依据，沿河流纵向将评价河流分为若干评价河段。评价河流（河段）的长度大于 50 km 的，宜划分为多个评价河段；长度小于 50 km 且河流上下游差异性不明显的河流（段），可只设置 1 个评价河段。

　　根据《技术大纲》要求，宜将滏阳河划分为多个评价河段。评价河段应按下列方法确定：

　　（1）河道地貌形态变异点，可根据河流地貌形态差异性分段：①按河型分类分段，分为顺直型、弯曲型、分汊型、游荡型河段。②按地形地貌分段，分为山区（包括高原）河段和平原河段。

　　（2）河流流域水文分区点，如河流上游、中游、下游等。

　　（3）水文及水力学状况变异点，如闸坝、大的支流汇入断面、大的支流分汊点。

　　（4）河岸邻近陆域土地利用状况差异分区点，如城市河段、乡村河段等。

　　滏阳河在邯郸市境内长 184 km，依据上述原则，对滏阳河流经各县（区）分区状况进行实地踏勘，其河流形态、地形地貌等不同要素详见表 3-2。

表 3-2　各县（区）滏阳河分区状况

序号	所属县（区）	河型	地形地貌	水文及水力学状况变异点		土地利用差异分区点
				闸坝情况	支流汇入断面	
1	峰峰矿区	弯曲型	山区河段	无	峰峰环城水系	城市河段
2	磁县	弯曲型	平原河段	无	无	乡村河段
3	冀南新区	弯曲型	平原河段	无	忙牛河汇入断面	城市河段
4	邯山区	弯曲型	平原河段	张庄桥分洪闸、北堡闸、沙屯闸	支漳河流出断面	城市河段
5	丛台区	弯曲型	平原河段	无	沁河、输元河汇入断面	城市河段
6	经济技术开发区	弯曲型	平原河段	无	无	城市河段
7	永年区	弯曲型	平原河段	莲花口节制闸、永年连进洪闸、穿滏倒虹吸闸、张庄桥节制闸	支漳河汇入断面、留垒河汇入断面	乡村河段
8	曲周县	弯曲型	平原河段	黄口闸	无	乡村河段
9	鸡泽县	顺直型	平原河段	无	无	乡村河段

3.1.2.2　评价河段划分结果

合理的河段划分是对邯郸市滏阳河整体健康评价的空间基础。遵循河流健康评价河段划分的主要原则,根据 3.1.2.1 河段划分方法,结合表 3-1 可知,滏阳河在各县(区)河流形态及地形地貌特征一致,闸坝集中在邯山区及永年区,且支流汇入断面不跨县(区),故根据邯郸市行政区划情况开展邯郸市滏阳河河段划分,可将滏阳河划分为 9 个河段进行评价,其分布如图 3-2 所示,划分的各个评价河段编号、河段长度等信息见表 3-3。其中,滏阳河河段根据各县(区)管理河长进行统计划分,峰峰矿区的河长起点延伸至金村源头。

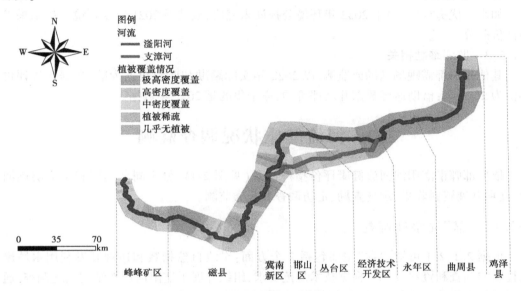

图 3-2　评价河段划分示意图

表 3-3　滏阳河河段划分结果

序号	所属县(区)	长度/km	起点坐标/(°)	止点坐标/(°)
1	峰峰矿区	28.25	E114.053 964 61,N36.512 602 54	E114.316 434 86,N36.461 468 26
2	磁县	21.88	E113.899 040 22,N36.366 148 49	E114.439 902 31,N36.381 524 98
3	冀南新区	16.0	E114.244 881 993,N36.225 807 727	E114.282 692 989,N36.321 042 220
4	邯山区	14.5	E114.317 293 17,N36.462 779 81	E114.649 350 64,N36.578 092 70
5	丛台区	21.8	E114.320 468 90,N36.677 987 81	E114.814 252 85,N36.690 033 28
6	经济技术开发区	33.0	E114.343 524 655,N36.415 379 622	E114.444 654 701,N36.403 380 261
7	永年区	31.0	E114.339 351 65,N36.712 123 21	E114.879 119 40,N36.765 751 74
8	曲周县	27.0	E114.846 181 87,N36.675 991 52	E115.218 901 63,N36.611 101 16
9	鸡泽县	12.0	E114.716 684 82,N36.873 990 62	E114.973 627 03,N36.894 656 89

3.1.3　评价年份

由于本次河湖健康评价涉及数据较多,针对不同指标和数据收集情况设定不同的评价年份。

3.1.3.1　水文相关

如生态流量(水量)满足程度、供水保证率、河流断流程度等和水文相关的指标,至少收集近5年数据,能收集到近10年序列的,以近10年序列为评价序列。

3.1.3.2　公报相关

如水质优劣程度,由于2022年环境公报尚未完成,故选择2021年水环境公报结果参与评价赋分。

3.1.3.3　监测踏勘相关

其他指标都需现场踏勘或监测,以2022年实际踏勘和监测数据为准,数据采集评价年份为2022年;借助遥感数据开展评价的,亦采集的是2022年数据。

3.2　河流健康状况调查监测

依据邯郸市滏阳河河流健康评价指标体系(见图2-4),就不同准则层和指标层逐河段、逐项开展资料收集、现场查勘、走访调查和采样监测。

3.2.1　"盆"完整性调查

根据2.1.2.1可知,"盆"主要包括2个方面:岸线自然指数和违规开发利用水域岸线程度的调查和资料收集。根据技术规范要求,组织开展了滏阳河形态结构系统调查,通过现场调查和无人机航拍,结合相关资料,摸清滏阳河岸线、岸坡的有关情况,为滏阳河"盆"完整性准则层状况评价提供基础依据。

3.2.1.1　岸线自然指数调查

岸线自然指数包含河岸稳定性和岸线植被覆盖度两个方面。

1.河岸稳定性

河岸稳定性包括岸坡高度、岸坡倾角、岸坡植被覆盖度、岸坡基质以及河岸冲刷状况等要素,采用现场观测、无人机拍摄、遥感和施工图查勘等多种途径进行踏勘。其中,现场观测调查河岸稳定性时,利用激光测距仪(深达威SW-600A)分别对河流左、右岸的岸坡倾角、高度进行测量记录,并对岸坡基质及河岸冲刷状况进行观测记录;岸坡植被覆盖度采用现场调研、无人机拍摄和遥感图相结合的办法。鉴于滏阳河部分河段施工,不能代表河流实际情况,故借助滏阳河综合治理的施工图来辅助计算,统计了相关结果。滏阳河岸坡植被覆盖度计算详见表3-4,滏阳河河岸带稳定性状况调查结果详见表3-5,岸线自然指数现场调查情况见图3-3,邯郸市遥感图片详见附图。

表 3-4　滏阳河岸坡植被覆盖度计算

岸坡植被评价计算要素		峰峰矿区		磁县	冀南新区	邯山区	丛台区	经济技术开发区	永年区	曲周县		鸡泽县
		黑龙洞	南留旺	尹家桥	高臾镇	张庄桥	苏里闸		莲花口	塔寺桥	马疃	东于口
植被覆盖面积/km²	左岸	0.04	0.03	0.07	0.09	0.01	0.09	0.16	0.11	0.05	0.05	0.05
	右岸	0.06	0.03	0.09	0.08	0.01	0.07	0.16	0.09	0.06	0.05	0.08
岸带面积/km²	左岸	0.06	0.03	0.10	0.12	0.03	0.13	0.23	0.12	0.06	0.05	0.05
	右岸	0.08	0.04	0.13	0.10	0.03	0.11	0.22	0.10	0.07	0.05	0.09
岸段长度/km		23.21		30.84	31.89	6.53	14.80	19.62	25.85	23.35		7.91
总长度/km		184.00										
覆盖度/%	左岸	66	88	70	78	39	69	71	93	91	91	92
	右岸	71	87	73	75	42	67	72	92	92	94	93
	平均	69	88	72	77	41	68	72	93	92	93	93

表 3-5　滏阳河河岸带稳定性状况调查结果

县(区)名称	监测段	岸坡特征	指标值				
			岸坡		岸坡植被覆盖度/%	基质	河岸冲刷状况
			高度/m	倾角/(°)			
峰峰矿区	黑龙洞	左岸	2.5	23.4	66	基岩	无冲刷
		右岸	2.4	28.5	71		
	南留旺桥	左岸	8	50	88	基岩	无冲刷
		右岸	7.5	50	87		
磁县	尹家桥	左岸	4.6	13	70	黏土	无冲刷
		右岸	4.3	20	73		
冀南新区	高臾镇	左岸	2.7	22	78	黏土	轻度冲刷
		右岸	2.8	25	75		
邯山区	河边村	左岸	1.2	15	39	黏土	无冲刷
		右岸	1.1	11	42		
丛台区	苏里闸	左岸	2.3	21	69	黏土	无冲刷
		右岸	2.4	21	67		
经济技术开发区		左岸	1.8	21	71	黏土	无冲刷
		右岸	2.3	21	72		
永年区	莲花口	左岸	2	20	93	黏土	无冲刷
		右岸	1.7	18	92		
曲周县	塔寺桥	左岸	3.8	22	91	黏土	无冲刷
		右岸	3.5	28	92		
曲周县	马疃	左岸	4.7	32	91	非黏土	轻度冲刷
		右岸	4.5	30	94		
鸡泽县	东于口	左岸	4	25	92	黏土	轻度冲刷
		右岸	3.6	28	93		

2. 岸线植被覆盖度

两岸的岸线植被覆盖情况通过现场无人机拍摄、现场踏勘记录和遥感图片识别相结合进行开展。滏阳河岸线植被覆盖情况计算表如表 3-6 所示,现场调查情况见图 3-3,河流岸线遥感图片详见调查附图里"盆"的完整性调查部分。

表 3-6　滏阳河岸线植被覆盖度计算

评价及计算要素		评价县（区）								
		峰峰矿区	磁县	冀南新区	邯山区	丛台区	经济技术开发区	永年区	曲周县	鸡泽县
植被覆盖面积/km²	左岸	0.11	0.20	0.21	0.01	0.11	0.11	0.15	0.09	0.06
	右岸	0.19	0.21	0.22	0.02	0.05	0.11	0.15	0.11	0.06
岸带面积/km²	左岸	0.21	0.26	0.26	0.04	0.16	0.13	0.17	0.09	0.06
	右岸	0.31	0.28	0.28	0.05	0.08	0.13	0.17	0.12	0.07
岸段长度/km		23.21	30.84	31.89	6.53	14.80	19.62	25.85	23.35	7.91
总长度/km		184.00								
覆盖度/%	左岸	54	78	81	33	69	82	91	96	95
	右岸	60	76	80	35	66	82	90	93	91
	平均	57	77	81	34	68	82	91	94	93

图 3-3　岸线自然指数现场调查情况

3.2.1.2　违规开发利用水域岸线程度调查

根据 2.1.2.1 可知，违规开发利用水域岸线程度主要包括入河排污口规范化建设率、入河湖排污口布局合理程度和河湖"四乱"状况 3 个方面。

其中，滏阳河入河排污口规范化建设率与布局合理程度通过收集相关环保部门排污口建设资料，结合现场核验并做拍照记录，收集的排污口情况如表 3-7、图 3-4 所示。

表 3-7　滏阳河排污口统计

县（区）	相关排污单位	受纳水体名称	最终排放去向
邯山区	南污水处理厂	团结二支渠→支漳河	滏阳河
丛台区	邯郸市东污水处理厂	滏阳河	滏阳河

续表 3-7

县（区）	相关排污单位	受纳水体名称	最终排放去向
峰峰矿区	峰峰矿区津泉水业有限责任公司	峰峰矿区环城水系	滏阳河
峰峰矿区	邯郸成晟水务有限公司	峰峰矿区环城水系	滏阳河
峰峰矿区	邯郸市峰峰锦晟污水处理有限公司	滏阳河	峰峰矿区环城 水系→滏阳河
峰峰矿区	邯郸市孙庄采矿有限公司	滏阳河	滏阳河
峰峰矿区	河北邯峰发电有限责任公司	滏阳河	滏阳河
峰峰矿区	冀中能源峰峰集团有限公司辛安矿	九山沟渠	滏阳河
经济技术开发区	邯郸经济技术开发区污水处理厂	生态河	滏阳河

图 3-4　岸线违规利用开发程度现场调查情况

　　"四乱"状况通过现场调研、踏勘及收集河长办 2022 年 1—8 月数据台账（见表 3-8）相结合的方法进行调查评价。通过统计 2022 年台账得知,滏阳河"四乱"问题主要集中在磁县、丛台区、永年区、曲周县及鸡泽县。

表 3-8　滏阳河"四乱"情况调查　　　　　　　　　单位:处

所属县(区)	乱占	乱采	乱堆	乱建	合计
磁县	0	0	2	0	2
丛台区	0	0	13	6	19
永年区	0	0	5	0	5
曲周县	0	0	57	4	61
鸡泽县	0	0	6	0	6

由表 3-8 可知,磁县段共发现乱堆问题 2 处,丛台区段共发现乱堆问题 13 处、乱建问题 6 处,永年区段共发现乱堆问题 5 处,曲周县段共发现乱堆问题 57 处、乱建问题 4 处,鸡泽县段共发现乱堆问题 6 处。经 9 月课题组现场踏勘复核,上述"四乱"问题均已得到解决。

3.2.2　"水"完整性调查

由 2.1.2.2 可知,"水"完整性准则层包括 2 个方面:水量和水质的调查及资料收集的重点分别在于收集水文站流量、径流资料和现场采样及现场监测记录。

根据技术规范要求,组织开展了滏阳河水量和水质的系统调查,通过查阅水文站历史资料和现场采样,掌握滏阳河水量和水质的情况,为滏阳河"水"完整性准则层的健康状况评价提供基础依据。

3.2.2.1　水量

1. 生态流量(水量)满足程度调查

根据资料调查,滏阳河生态流量已有批复文件,依据《技术大纲》,只需收集滏阳河相关水文资料与批复的生态流量进行对比评价即可。

2022 年 8 月 16 日,河北省水利厅下达了《关于印发〈滏阳河基本生态水量保障实施方案〉的通知》(冀水资函〔2022〕42 号),明确了滏阳河的基本生态水量保障方案范围为控制性水利工程及滏阳河干流平原区河段。由此文件可知,邯郸市的生态流量考核断面为郭桥断面,而莲花口站和东武仕水库下泄流量为管理断面,一般年份及下泄保障率 90%年份,统筹协调好河道内生态需水和河道外工农业等生产用水,3—10 月重点保障基本生态水量下泄,力争 10 月底前东武仕水库及莲花口站下泄生态水量分别不低于 620 万 m^3 和 528 万 m^3,郭桥的下泄流量为 370 万 m^3。95%特枯年份,无基本生态水量下泄要求。

通过调研,本项目收集得到滏阳河莲花口 1980—2016 年天然径流系列水文成果,进行频率计算,得到 90%保证率对应天然径流量为 7 351 万 m^3。特枯年份 2009 年的天然径流为 7 008 万 m^3,与设计 90%保证率对应的天然径流量相近,选 2009 年作为典型年进行滏阳河基本生态水量计算。莲花口站 2009 年逐月下泄流量和径流量见表 3-9,结果表明,下泄径流量均满足批复的生态流量阈值。

表 3-9 滏阳河典型年 2009 年逐月下泄流量和径流量

时间	日平均流量/(m³/s)	径流量/万 m³
1 月	8.03	2 149
2 月	4.30	1 041
3 月	12.6	3 364
4 月	13.8	3 573
5 月	17.8	4 774
6 月	20.4	5 276
7 月	16.8	4 490
8 月	8.38	2 243
9 月	10.5	2 711
10 月	28.7	7 696
11 月	20.3	5 256
12 月	20.3	5 448
全年	15.2	48 022

2. 河流断流程度调查

收集 2012—2021 年滏阳河流量等水文资料,并查阅邯郸市 2012—2021 年水利统计年鉴等资料,并沿线开展了调查走访。调查结果显示,近 10 年来,滏阳河未有断流。

3.2.2.2 水质

1. 水质优劣程度调查

1) 监测断面布设

项目组通过收集整理邯郸市环境监测公报,滏阳河共布设水质监测断面 8 个,其中国家级考核断面 1 个(曲周)、省级考核断面 2 个(九号泉、郭桥),其余 5 个均为市级考核断面。滏阳河水质监测断面信息见表 3-10。

表 3-10 滏阳河水质监测断面信息

序号	名称	所属县(区)	位置坐标		说明
			经度/(°)	纬度/(°)	
1	九号泉	峰峰	E114.201 260 81	N36.417 190 20	省级考核断面
2	东武仕出口	磁县	E114.315 426 35	N36.391 926 99	市级考核断面
3	南左良	冀南新区	E114.470 844 72	N36.503 841 03	市级考核断面
4	和平路桥	邯山	E114.509 232 04	N36.601 300 12	市级考核断面
5	西鸭池	丛台	E114.559 078 22	N36.696 124 13	市级考核断面
6	韩屯	经济技术开发区	E114.723 325 97	N36.679 236 54	市级考核断面
7	曲周	曲周	E114.932 173 45	N36.753 318 42	国家级考核断面
8	郭桥	鸡泽	E114.956 324 50	N36.918 889 68	省级考核断面

根据项目开展需要,分别于 2022 年 5 月和 8 月,对滏阳河开展了水质现状补充监测。补充监测点位选取时,充分考虑了河段划分,确保每个评价河段至少设置 1 个监测断面,结合现场勘察,综合考虑代表性、交通便利性以及监测安全保障等,滏阳河设 10 个水质监测断面,满足任务要求,具体位置见图 3-5,详细信息如表 3-11 所示。

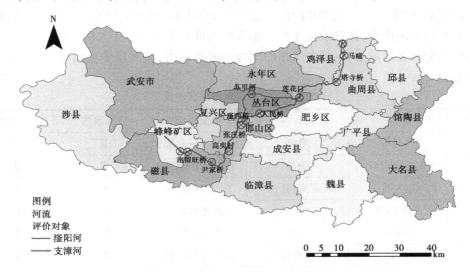

图 3-5　水质补充监测点及生态监测点位示意

表 3-11　滏阳河水质补充监测断面情况

序号	名称	所在县(区)	坐标		说明
			经度/(°)	纬度/(°)	
1	黑龙洞	峰峰	E114.203 073 98	N36.420 177 39	底泥监测
2	南留旺	峰峰	E114.236 260 95	N36.436 741 62	
3	尹家桥	磁县	E114.349 699 62	N36.367 599 88	底泥监测
4	高奂	冀南新区	E114.430 439 47	N36.418 295 30	
5	河边村	邯山	E114.483 177 07	N36.546 048 41	
6	苏里	丛台	E114.533 738 89	N36.694 222 94	
7	莲花口	永年	E114.754 933 12	N36.674 558 81	
8	塔寺桥	曲周	E114.887 369 87	N36.741 169 89	
9	马疃	曲周	E114.964 177 61	N36.872 338 45	
10	东于口	鸡泽	E114.956 002 44	N36.948 496 18	底泥监测

2)水质监测要素

本项目按照《地表水环境质量标准》(GB 3838—2002),选取水质监测要素,开展野外取样和实验室检测,进行地表水环境质量评价,分析评价滏阳河水质优劣程度。

本项目选取的水质要素主要包括水温、pH、溶解氧、高锰酸盐指数、化学需氧量、五日生化需氧量、氨氮、总磷、总氮、铜、锌、氟化物、硒、砷、汞、镉、铬(六价)、铅、氰化物、挥发酚、阴离子表面活性剂、硫化物等,水样采集、实验室检测、数据分析评价等符合有关生态环境监测相关规范的要求。

3)水质评价结果

项目组对 2021 年 1 月至 2022 年 8 月间邯郸市水环境监测公报进行统计分析,滏阳河 8 个水质监测断面中,达到或优于地表水Ⅲ类的断面有 5 个,占比 62.5%,其中优于Ⅲ类的断面均分布在流域上游;其余 3 个断面为地表水Ⅳ类,主要集中在流域下游县(区),见表 3-12。

表 3-12　滏阳河水质现状评价

序号	名称	所属县(区)	断面性质	目标水质	水质现状
1	九号泉	峰峰	省级考核断面	Ⅱ	Ⅱ
2	东武仕出口	磁县	市级考核断面	Ⅲ	Ⅱ
3	南左良	冀南新区	市级考核断面	Ⅲ	Ⅲ
4	和平路桥	邯山	市级考核断面	Ⅳ	Ⅲ
5	西鸭池	丛台	市级考核断面	Ⅳ	Ⅲ
6	韩屯	经济技术开发区	市级考核断面	Ⅳ	Ⅳ
7	曲周	曲周	国家级考核断面	Ⅲ	Ⅳ
8	郭桥	鸡泽	省级考核断面	Ⅳ	Ⅳ

2022 年 5 月和 8 月,项目组开展滏阳河 10 个断面的水质现状补充监测结果显示,5 月各断面水质全部达到地表水Ⅲ类及以上,水质状况整体较好;8 月各断面水质,达到地表水Ⅱ类的有 2 个,达到地表水Ⅲ类的有 7 个,地表水Ⅳ类的断面有 1 个,见表 3-13。

表 3-13　滏阳河水质补充监测成果

序号	名称	所属县(区)	目标水质	5 月	8 月	平均
1	黑龙洞	峰峰	Ⅱ	Ⅱ	Ⅱ	Ⅱ
2	南留旺	峰峰	Ⅱ	Ⅱ	Ⅱ	Ⅱ
3	尹家桥	磁县	Ⅲ	Ⅱ	Ⅲ	Ⅲ
4	高奥	冀南新区	Ⅲ	Ⅱ	Ⅳ	Ⅲ
5	河边村	邯山	Ⅳ	Ⅱ	Ⅲ	Ⅲ
6	苏里	丛台	Ⅳ	Ⅱ	Ⅲ	Ⅲ
7	莲花口	永年	Ⅳ	Ⅲ	Ⅲ	Ⅲ
8	塔寺桥	曲周	Ⅲ	Ⅱ	Ⅲ	Ⅲ
9	马疃	曲周	Ⅲ	Ⅱ	Ⅲ	Ⅲ
10	东于口	鸡泽	Ⅳ	Ⅱ	Ⅲ	Ⅲ

2. 底泥污染指数调查

1）监测点位布设

底泥污染指数调查在水质补充监测断面布设的基础上，考虑到滏阳河综合整治重点工程正在开展的实际情况，本项目仅选取受施工扰动较小的 3 个点位进行了底泥污染物浓度监测，见表 3-14。

表 3-14　滏阳河底泥监测成果

点位名称	pH	含水率	密度	总磷	铜	铅	锌	砷	镉	汞	铬	镍
	无量纲	%	g/cm³	mg/kg								
黑龙洞	7.62	46.58	1.33	402.54	10.8	11.2	30.8	4.69	0.077	0.028	31.14	18.98
尹家桥	7.88	39.87	1.25	398.7	12.8	20.5	42.9	6.87	0.088	0.038	32.87	22.36
东于口	8.24	32.23	1.17	363.8	15.5	42.1	32.7	9.28	0.074	0.030	61.35	40.17
风险值	>7.5	—	—	—	100	170	300	25	0.6	3.4	250	190

2）底泥监测要素

按照《土壤环境质量　农用地土壤污染风险管控标准（试行）》（GB 15618—2018），选取了铜、铅、锌、砷、镉、汞、铬、镍 8 项重金属污染物开展底泥污染物浓度评价。实地取样后，依据相关规定对底泥进行实验室检测，分析评价滏阳河底泥污染指数。底泥采集、试验、数据等需符合有关生态环境监测的相关规范要求，见表 3-15。

表 3-15　底泥污染指数计算

点位	监测要素							
	铜	铅	锌	砷	镉	汞	铬	镍
黑龙洞	<1	<1	<1	<1	<1	<1	<1	<1
尹家桥	<1	<1	<1	<1	<1	<1	<1	<1
东于口	<1	<1	<1	<1	<1	<1	<1	<1

3）底泥监测评价结果

通过对滏阳河 3 个点位开展重金属污染物监测，检测结果显示，上述点位的各项指标均低于《土壤环境质量　农用地土壤污染风险管控标准（试行）》（GB 15618—2018）中规定的风险筛查值，底泥污染状况良好。

3. 水体自净能力调查

1）监测断面布设

由于收集到的历史数据有限，完整序列仅包括滏阳河的曲周断面（国家级考核断面）2021 年 1—12 月监测数据（见表 3-16），根据项目开展需要，项目组分别于 2022 年 5 月和 8 月对开展评价的滏阳河开展了水质补充监测。

表 3-16　滏阳河曲周断面 2021 年逐月溶解氧监测成果　　　单位：mg/L

月份	监测值	月份	监测值	月份	监测值
1	13.43	5	4.44	9	6.24
2	9.76	6	8.10	10	9.34
3	9.47	7	5.06	11	7.64
4	7.87	8	7.00	12	10.78

2) 监测要素

水体自净能力调查的监测要素为溶解氧,现场使用便携式溶解氧仪(型号:哈希 Hq-40d)对河水溶解氧浓度进行监测并记录数据,同时将采集的水样送到实验室进行检测。

3) 监测结果

滏阳河曲周断面(国家级考核断面)2021 年 1—12 月监测数据显示,全年溶解氧均值 8.26 mg/L,但部分月份数值较低,主要集中在汛期;补充监测断面中,除苏里断面外,其余各断面 5 月和 8 月两次监测得到的溶解氧数值均处于较高水平,见表 3-17。

表 3-17　滏阳河补充监测断面溶解氧监测成果　　　单位：mg/L

序号	名称	所属县(区)	5 月数据	8 月数据	平均数据
1	黑龙洞	峰峰矿区	11.3	10.2	10.8
2	南留旺	峰峰矿区	8.3	9.8	9.1
3	尹家桥	磁县	9.0	7.9	8.5
4	高臾	冀南新区	7.8	7.9	8.1
5	河边村	邯山	8.3	7.9	8.1
6	苏里	丛台	6.4	6.7	6.6
7	莲花口	永年	7.8	8.0	7.9
8	塔寺桥	曲周	9.3	8.4	8.9
9	马疃	曲周	7.7	7.9	7.8
10	东于口	鸡泽	6.1	7.8	7.0

3.2.3　生物完整性调查

由 2.1.2.3 可知,生物完整性 3 个方面:大型底栖无脊椎动物生物完整性指数和鱼类保有指数的重点在于现场调查和资料收集。

根据技术规范要求,组织开展了滏阳河水生生物状况系统调查,通过现场调查,结合历史资料,摸清滏阳河水生生物现状,为滏阳河水生生物完整性准则层状况评价提供基础依据。

3.2.3.1　大型底栖无脊椎动物生物完整性指数调查

1. 采样点布设及样品采集

为便于分析,在上述原则基础上,生物监测调查的测点与水质补充监测断面尽量保持一致,滏阳河各监测点位置见表3-11。

依据测点现场实际情况,大型底栖动物定量采集采用 D 形网;定性采集使用 D 形网,每个断面采集 3~5 个样框。分别于 5 月和 8 月对滏阳河 10 个监测点展开采样工作。

2. 调查监测结果

滏阳河 10 个监测点位共有大型底栖无脊椎动物 43 种,以节肢动物门(*Arthropoda*)30 种占据显著优势,此外还有软体动物门(*Mollusca*)9 种、环节动物门(*Annelida*)4 种。节肢动物门(*Arthropoda*)中,昆虫纲(*Insecta*)26 种,占据绝对优势。整体看,大型底栖无脊椎动物群落结构呈现出较高的生物多样性。然而,代表清洁水体类型的种类所占比例仍较低。

3. BIBI 计算过程

1)参照点和受损点的选择

根据参照点的选取原则及滏阳河水生态监测点位所在水生态分区的实际情况,综合考虑各监测点位周边人为活动干扰强度、物理形态结构和水生态系统状况,选择尹家桥、苏里、张庄桥和南留旺作为参照点,其余点位作为受损点。

2)评价参数的选择

大型底栖无脊椎动物生物完整性评价指标及其对干扰的反应见表3-18。

表 3-18　大型底栖无脊椎动物生物完整性评价指标及其对干扰的反应

类群	评价参数编号	评价参数	对干扰的反应
多样性和丰富性	M1	总分类单元数	减小
	M2	蜉蝣目、毛翅目和翅襀目分类单元数	减小
	M3	蜉蝣目分类单元数	减小
	M4	襀翅目分类单元数	减小
	M5	毛翅目分类单元数	减小
群落结构组成	M6	蜉蝣目、毛翅目和襀翅目个体数百分比	减小
	M7	蜉蝣目个体数百分比	减小
	M8	摇蚊类个体数百分比	增大
耐污能力	M9	敏感类群分类单元数	减小
	M10	耐污类群个体数百分比	增大
	M11	Hilsenhoff 生物指数	增大
	M12	优势类群个体数百分比	增大
	M13	大型无脊椎动物敏感类群评价指数(BMWP 指数)	减小
	M14	科级耐污指数(FBI 指数)	增大

续表 3-18

类群	评价参数编号	评价参数	对干扰的反应
功能摄食类群与生活型	M15	黏附者分类单元数	可变
	M16	黏附者个体数百分比	可变
	M17	滤食者个体数百分比	增大
	M18	刮食者个体数百分比	下降

3)核心参数的选择

根据箱体的重叠情况,对 IQ(生物判别能力)赋予不同的值,若无重叠,IQ=3;部分重叠,但各自中位数值都在对方箱体范围之外,IQ=2;仅一个中位数值在对方箱体范围之内,IQ=1;各自中位数值都在对方箱体范围之内,IQ=0。对 IQ≥2 的指数进行进一步分析。比较参照点和受损点各个评价参数箱体 IQ(25%分位数至 75%分位数之间)的重叠程度,选取箱体没有重叠或有部分重叠,但各自中位数均在对方箱体范围之外的参数,保留做进一步分析使用。

依据上述原则,滏阳河大型底栖动物中,蜉蝣目、毛翅目和襀翅目等清洁水体指示类群在参照点和受损点中所占比例均较低,根据涉及三个类群的指标蜉蝣目、毛翅目和襀翅目个体数百分比(M6)的箱线图(见图 3-6)可以看出,虽满足 IQ≥2,但因其所占比例低且不满足对干扰反应减小的趋势,不能作为核心指标。

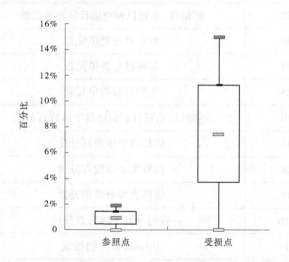

图 3-6　蜉蝣目、毛翅目和襀翅目个体数百分比箱线图

同理,备选指标中的蜉蝣目、毛翅目和襀翅目分类单元数(M2)及蜉蝣目分类单元数(M3)、襀翅目分类单元数(M4)、毛翅目分类单元数(M5)等亦不满足作为核心指标的条件。

摇蚊类是滏阳河大型底栖动物的常见类群,选择摇蚊类个体数百分比(M8)进行箱线图分析,可以看出,摇蚊在各点位的分布体现了较大的分布范围。然而,该指标在参照点和受损点的分布辨别能力为 0,无法满足 IQ≥2 的基本要求,如图 3-7 所示。

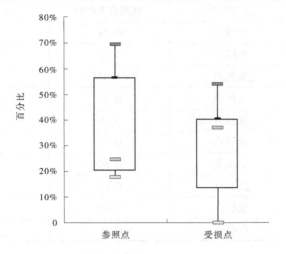

图 3-7　摇蚊类个体数百分比评价箱线图

同理,完成其他备选指标辨别能力的分析,并绘制箱线图完成辨别能力分析,由此筛选出"总分类单元数"(M1)作为符合条件的评价参数进行保留,评价参数箱体图见图 3-8。

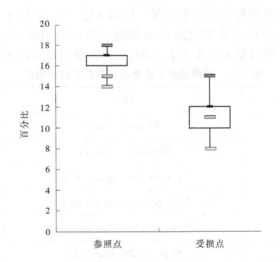

图 3-8　总分类单元数评价箱线图

采用比值法来统一核心参数的量纲。"总分类单元数"是对于外界压力响应减少/下降的参数。根据《技术大纲》,对于外界压力响应下降或减少的参数,应以所有样点由高到低排序的 5% 的分位数作为最佳期望值,该类参数的分值等于参数实际值除以最佳期望值。将评价参数的分值算数平均,得到 BIBI 指数值。以参照点样点 BIBI 值由高到低排序,选取 25% 分位数作为最佳期望值(0.84),BIBIE 指数赋分 100,见表 3-19。

表 3-19　大型底栖无脊椎动物生物完整性评价指标赋分

点位名称	点位性质	监测值 BIBIO	最佳期望值 BIBIE
黑龙洞	受损点	0.74	0.84
南留旺	参照点	0.86	0.84
尹家桥	参照点	1.03	0.84
高夙	受损点	0.46	0.84
张庄桥	参照点	0.80	0.84
苏里	参照点	0.86	0.84
莲花口	受损点	0.80	0.84
马瞳	受损点	0.69	0.84
塔寺桥	受损点	0.46	0.84
东于口	受损点	0.46	0.84

3.2.3.2　鱼类保有指数调查

分别于 2022 年 3 月、6 月和 8 月,对滏阳河峰峰矿区段、磁县段、冀南新区段、丛台区段及曲周县段进行了实地考察,采取捕捞、实地走访相结合的方法开展调研。采集以网捕、地笼诱捕为主,同时结合实地调查走访河道管理人员、河道附近垂钓者或有关鱼类生物专家,调查滏阳河的鱼类种类及分布状况。样品采集之后,对易于辨认和鉴定的种类直接进行现场初步鉴定,并将初步鉴定的种类和剩余物种用 10% 的福尔马林溶液固定保存,带回实验室鉴定。调查鉴定结果见表 3-20,鱼类调研过程见图 3-9。

表 3-20　滏阳河历史鱼类与现存鱼类种类组成

目	科	种类	历史种类	现存种类
鲤形目 *Cypriniformes*	鲤科 *Cyprinidae*	鲤 *Cyprinus carpio*	+	+*
		鲫 *Carassius auratus*	+	+*
		草鱼 *Ctenopharyngodon idellus*	+	+*
		青鱼 *Mylopharyngodon piceus*	+	+
		赤眼鳟 *Squaliobarbus curriculus*	+	+
		鳘 *Hemiculter leucisculus*	+	+*
		贝氏鳘 *Hemiculter bleekeri*	+	+
		厚颌鲂 *Megalobrama pellegrini*	+	+
		团头鲂 *Megalobrama amblycephala*	+	+
		中华鳑鲏 *Rhodeus sinensis*	+	+*
		高体鳑鲏 *Rhodeus ocellatus*	+	+*

续表 3-20

目	科	种类	历史种类	现存种类
鲤形目 *Cypriniformes*	鲤科 *Cyprinidae*	彩副鱊 *Paracheilognathus imberbis*	+	+*
		白河刺鳑鲏 *Acanthorhodeus peihoensis*	+	+
		大鳍刺鳑鲏 *Acanthorhodeus macropterus*	+	+
		兴凯刺鳑鲏 *Acanthorhodes chankaensis*	+	
		麦穗鱼 *Pseudorasbora parva*	+	+*
		鲢 *Hypophthalmichthys molitrix*	+	+
		鳙 *Aristichthys nobilis*	+	+
		翘嘴鲌 *Culter alburnus*	+	+*
		红鳍原鲌 *Cultrichthys erythropteru*	+	+*
		蒙古红鲌 *Erythroculter mongolicus*	+	
		马口鱼 *Opsariicjthys bidens*	+	+*
		棒花鱼 *Abbottina rivularis*	+	+*
		宽鳍鱲 *Zacco clongatus*	+	+
		鳡 *Elopichthys bambnsa*	+	
		尖头大吻鱥 *Rhynchocypris oxycephalus*	+	+*
		黑鳍鳈 *Sarcocheilichthys nigripinnis*	+	+*
		隐须颌须鮈 *Gnathopogon mcholsi*	+	+
		长春鳊 *Parabramis bramuls*	+	+
		飘鱼 *Parapelecu sinensis*	+	
		花䱻 *Hemibarbus maculatus*	+	+*
		似鳊 *Pseudobrama simoni*	+	+
		银鲴 *Xenocypris argentea*	+	
		黄尾鲴 *Xenocypris davidi*	+	+

续表 3-20

目	科	种类	历史种类	现存种类
鲤形目 Cypriniformes	鳅科 Cobitidae	泥鳅 Misgurnus anguillicaudatus	+	+*
		大鳞副泥鳅 Paramisgurnus dabryanus	+	+*
		粗壮高原鳅 Triplophysa robusta	+	+*
	刺鳅科 Mastacembelidae	中华刺鳅 Mastacembelus sinensis	+	
鲇形目 Siluriformes	鲿科 Bagridae	黄颡 Pelteobagrus fulvidraco	+	+*
		瓦氏拟鲿 Pelteobaggrus vachelli	+	
	鲇科 Siluridae	鲇 Parasilurus asotus	+	+
	胡子鲇科 Clariidae	革胡子鲇 Clarias gariepinus		+#
鳉形目 Cyprinodontiformes	青鳉科 Cyprinodontidae	青鳉 Oryzias latipes	+	
鲈形目 Perciformes	鮨科 Serranidae	鳜 Siniperca chuatsi	+	+
鲈形目 Perciformes	鰕虎鱼科 Gobiidae	子陵吻鰕虎鱼 Rhinogobius similis	+	+*
		真栉鰕虎鱼 Acentrogobius similis	+	
	塘鳢科 Eleotridae	史氏黄黝鱼 Hypseleotris swinhonis	+	+
		斑点塘鳢 Eleotris balia	+	
	丝足鲈科 Osphronemidae	圆尾斗鱼 Macropodus ocellatus	+	
鲑形目 Salmoniformes	银鱼科 Salangidae	大银鱼 Protosalanx hyalocranius		+#
鲟形目 Acipenseriformes	鲟科 Acipenseridae	西伯利亚鲟 Acipenser baeri		+#
合鳃目 Synbranchiformes	合鳃科 Synbranchidae	黄鳝 Monopterus albus	+	+
鳢形目 Ophiocephaliformes	鳢科 Ophiocephalidae	乌鳢 Ophiocephalus argus	+	+*

注：*为本次调查捕获种，#为引入养殖种类。

图 3-9　鱼类调研

根据调查,滏阳河水系现存鱼类共 42 种,隶属于 8 目 14 科,其中 3 种为外来引入养殖种类,分别为革胡子鲶 *Clarias gariepinus*、西伯利亚鲟 *Acipenser baeri* 和大银鱼 *Protosalanx hyalocranius*。

3.2.4　社会服务功能可持续性调查

由 2.1.2.4 可知,社会服务功能包括 4 个方面:完整性准则层的指标选取防洪达标率、供水水量保证程度、岸线利用管理指数、公众满意度的调查和资料收集。重点分别在于收集水利工程基础信息、水利工程设计文件、工程相关规划数据和问卷调查。

根据技术规范要求,组织开展滏阳河社会服务功能系统调查,通过发放问卷调查,结合相关资料,掌握滏阳河河流的社会服务功能情况,为滏阳河社会服务功能可持续性状况评价提供了基础依据。

3.2.4.1　防洪达标率调查

防洪达标率是指防洪堤防达到相关规划防洪标准要求的长度与现状堤防总长度的比例。本次项目防洪达标率调查,通过收集各县(区)滏阳河综合治理水利工程基础信息相关文件,结合实地调查,获取堤防欠高、长度及堤防交叉建筑物个数,见图 3-10。

表 3-10　防洪达标率调研

课题团队沿滏阳河所经峰峰矿区、磁县、冀南新区、邯山区、丛台区、永年区、曲周县、鸡泽县开展了实地踏勘,并借助无人机等技术手段进行了监测。在此基础上,和各县(区)河长办及其他水行政主管部门进行沟通调研,通过收集滏阳河河道治理工程相关规划图纸及文件,复核当前滏阳河沿岸各行政区域堤防建设长度、高度及相关设计指标。项目采用各种手段,以确保资料获取的真实性、有效性和完整性。滏阳河堤防基本情况如表 3-21 所示,堤防高度经过一系列复核和调查。

表 3-21　滏阳河堤防基本情况

县(区)	名称	级别	堤防起点	堤防终点	堤防长度/m	堤防总长度/m
磁县	滏阳河左堤	4	磁县磁州镇兴礼街社区	冀南新区花官营乡石桥村	17 700	28 900
	滏阳河右堤—磁县—冀南新区段	4	磁县磁州镇兴礼街社区	冀南新区高镇高奥三街村	11 200	
冀南新区	滏阳河右堤 2 段	2	冀南新区高镇高奥三街村	冀南新区花官营乡石桥村	8 800	19 600
	滏阳河左堤—冀南新区段	5	冀南新区花官营乡石桥村	冀南新区花官营乡阎浅村	5 700	
	滏阳河右堤—冀南新区段	5	冀南新区花官营乡石桥村	冀南新区花官营乡阎浅村	5 100	
丛台区	滏阳河左堤 1 段—丛台区段	1	丛台区黄粱梦镇苏里村	丛台区南吕固乡邵庄村	11 300	31 325
	滏阳河左堤—丛台区段	4	丛台区黄粱梦镇冯村	丛台区黄粱梦镇苏村	4 787	
	滏阳河右堤—丛台区—经济技术开发区段	4	丛台区黄粱梦镇西耒马台村	经济技术开发区尚璧镇徐许庄	15 238	
经济技术开发区	滏阳河左堤—经济技术开发区—永年区段	4	经济技术开发区南沿村镇西大	永年区广府镇莲花口村	12 271	24 271
	滏阳河右堤—经济技术开发区—永年区段	4	经济技术开发区姚寨乡高庄	永年区广府镇莲花口村	12 000	
邯山区	滏阳河右堤—邯山区段	5	邯山区马庄乡河边张庄社区	邯山区马庄乡南河边社区	3 100	9 400
	滏阳河左堤—邯山区段	5	邯山区北张庄镇郭家庄社区	邯山区北张庄镇王家湾社区	6 300	
永年区	滏阳河左堤—永年区段	5	永年区广府镇莲花口村	永年区张西堡镇余家寨村	19 600	37 200
	滏阳河右堤—永年区段	5	永年区广府镇莲花口村	永年区张西堡镇余家寨村	17 600	

续表 3-21

县（区）	名称	级别	堤防起点	堤防终点	堤防长度/m	堤防总长度/m
曲周县	滏阳河左堤—曲周段	5	曲周县白寨乡西朱堡村	曲周县白寨乡南牛庄村	7 280	52 867
	滏阳河右堤—曲周段	5	曲周县白寨乡西朱堡村	曲周县白寨乡西朱堡村	8 007	
	滏阳河左堤—曲周县段	5	白寨镇西朱堡村	第四疃镇西流上寨村	18 790	
鸡泽县	滏阳河左堤—鸡泽段	5	(1)吴官营镇旧城营村；(2)曹庄镇南赵寨村南；(3)刘信堡	(1)吴官营镇东于口村；(2)曹庄镇南赵寨村南；(3)滏阳集村西南	10 548	18 918
	滏阳河右堤—鸡泽段	5	吴官营镇旧城营村	吴官营镇东于口村	8 370	

3.2.4.2　供水水量保证程度调查

通过与邯郸市漳滏河灌溉供水管理处、东武仕水库管理处、水利局水网处及水调中心等不同单位处室走访，收集得到 2012—2021 年近 10 年（水文年）的东武仕水库供滏阳河的供水数据，见表 3-22，供水情况如图 3-11 所示。

表 3-22　东武仕水库 2012—2021 年供水量　　　　　单位：亿 m³

年份	2012	2013	2014	2015	2016
供水量	1.57	1.63	1.58	1.46	2.09
年份	2017	2018	2019	2020	2021
供水量	2.84	2.61	1.85	1.07	4.57

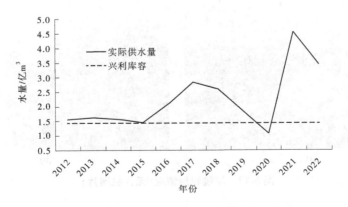

图 3-11　东武仕水库 2012—2021 年供水情况

　　根据调研可知,东武仕水库供滏阳河的设计供水保证率为95%,兴利库容为1.455亿m³。南水北调中线及引黄入冀工程尽管有供滏阳河生态用水,但这两个水源并无供水的保证任务,故只以东武仕水库供水进行计算。统计2012年以来的供水情况,仅2020年为破坏年份,从而计算出实际供水保证率为90%,以东武仕水库的设计供水保证率 $P=95\%$ 为底数,据式(2-11)进行计算得出滏阳河供水水量保证程度为94.7%。

3.2.4.3　岸线利用管理指数调查

　　岸线资源具有保护防洪安全、河势稳定、保护水生态环境和维持河流健康等多功能作用。本次岸线利用指数调查,通过现场调研、遥感卫星图片(见图3-12)、无人机照片(见图3-13)谷歌地图以及调研走访等多种手段计算和复核。

图3-12　邯郸市植被覆盖遥感图(2022年9月)

(a)　　　　　　　　　　　　　　(b)

图3-13　岸线利用情况(无人机照片)

(c)　　　　　　　　　　　　　　　　　(d)

续图 3-13

复合结果见表 3-23。通过滏阳河综合治理工程的实施,各县(区)滏阳河沿岸基本无生产岸线,仅上游峰峰矿区因拆迁等历史原因遗留一小段区域。为进一步核实,增加沿岸实地调查频次,计算得出各行政区岸线利用管理指数。

表 3-23　滏阳河岸线利用情况

分类		峰峰矿区	磁县	冀南新区	邯山区	丛台区	经济技术开发区	永年区	曲周县	鸡泽县
厂房服务业	左岸	0.44	0	0	0	0	0	0	0	0
	右岸	0.28	0	0	0	0	0	0	0	0
绿地农田	左岸	14.65	23.83	26.78	1.70	8.54	16.14	25.41	18.70	6.82
	右岸	14.76	26.03	25.07	2.14	6.79	17.00	25.75	18.84	5.98
道路/生活区	左岸	8.12	7.01	5.11	4.83	6.26	3.48	0.44	4.65	1.09
	右岸	8.17	4.81	6.82	4.39	8.01	2.62	0.10	4.51	1.93

3.2.4.4　公众满意度调查

1. 调查问卷的设计

基于滏阳河实地考察,通过发放调查问卷,调查不同人群对于评价河流各项功能的满意程度。调查内容主要包括受访者信息、公众对河湖满意度 2 个方面,公众对河湖满意度方面包含水量状况、水质状况、河岸带状况、鱼类状况、景观状况和娱乐休闲活动适宜程度6 个方面,基于《技术大纲》附件原有调查问卷,本项目对一些指标做了调整,其中受访者信息方面对受访者的年龄与职业进行了更进一步的划分,体现了问卷的普遍性;鱼类状况方面由于沿河居民对鱼的个体变化没有直观的感受,所以针对鱼类状况只调查了鱼类数量的变化,使得问卷更加直观,也更易于实施。电子问卷调查见图 3-14,纸质调查问卷如图 3-15 所示。

图 3-14　邯郸市滏阳河河湖健康评价问卷调查

2. 实施过程

本次公众满意度调查工作,采用现场和线上电子问卷相结合的方式开展调查。现场问卷主要结合实地踏勘和水质、水生态监测时开展。为了补充邯郸市区居民的满意度样本量,分别于 2022 年 7 月 18 日和 7 月 20 日前往龙湖公园、南湖公园、柳林古桥附近进行了专门调查。由于现场开展频次有限,特形成电子调查问卷,发放的对象主要是滏阳河沿岸居民及邯郸市及下属县(区)市民。线下问卷调查过程见图 3-16。

3. 调查结果

本次线上、线下共得到有效问卷 542 份,满足《技术大纲》问卷超过 100 份的要求。经过统计,调查对象男女比例为 15.13∶9.87;年龄分布主要集中在 40~50 岁,其中 20~60 岁占比达 93.35%;职业分布较为均匀,其中职业为其他的占比为 31.73%。上述分布分别如图 3-17~图 3-19 所示。

可知,本次样本充足,性别、年龄及职业分布合理,能够代表公众对滏阳河满意度调查需求。

河湖健康评价公众调查表

姓名：		性别：		年龄:15~30□　30~60□　60 以上□	
电话：（选填）			职业:自由职业者□　国家工作人员□　其他□		
防洪安全状况		岸线状况			
洪水漫溢现象		河岸"四乱"情况 乱采、乱占、乱堆、乱建		河岸破损情况	
经常	□	严重	□	严重	□
偶尔	□	一般	□	一般	□
不存在	□	无		无	
水量水质状况		水生态状况			
水量	增多	□	鱼类	较多	□
	一般	□		一般	□
	减少	□		较少	□
水质	清洁	□	水生植物	较多	□
	一般	□		一般	□
	较脏	□		较少	□
垃圾漂浮物	较多	□	水鸟	较多	□
	一般	□		一般	□
	无	□		较少	□
适宜性状况					
景观绿化情况	优美	□	娱乐休闲活动	适合	□
	一般	□		一般	□
	较差	□		不适合	□
河湖满意度程度调查					
河湖治理保护措施是否提高生态效益和社会效益:显著提高□　无明显变化□　效果更差□					
总体满意度		不满意的原因是什么？		希望的状况是什么样的？	
很满意(90~100)					
满意(75~90)					
基本满意(60~75)					
不满意(0~60)					

图 3-15　邯郸市河湖健康评价调查问卷(纸质版)

图 3-16　线下问卷调查过程

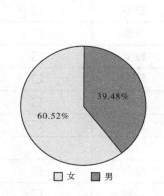

图 3-17　男女比例分布情况

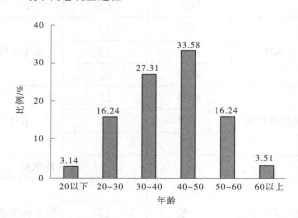

图 3-18　年龄分布情况

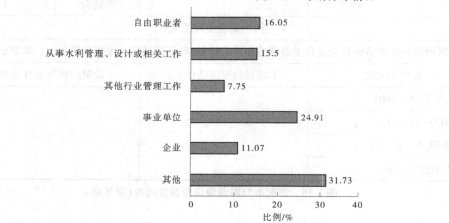

图 3-19　职业分布统计

第 4 章　支漳河调查和评价

4.1　评价范围及河段划分

4.1.1　评价范围确定

本次健康评价的河流对象是支漳河,如图 4-1 所示。评价范围起于张庄桥分洪闸,止于永年区莲花口,评价河段长度为 31.33 km。

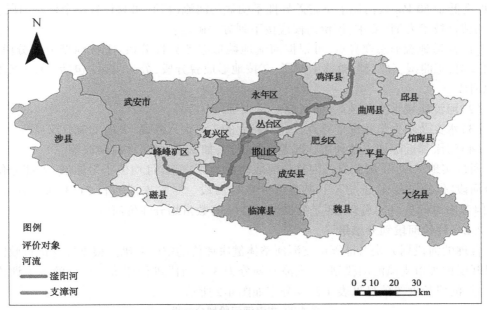

图 4-1　河流健康评价对象示意

经过现场踏勘和资料收集可知,支漳河分别流经丛台区兼庄乡 1 个镇(乡)5 个村,邯山区 6 个镇(乡)16 个村,经济技术开发区 3 个乡(镇)21 个村,如表 4-1 所示。

表 4-1　支漳河流经区域概况

序号	县(区)	长度/km	流经乡(镇、街道)	流经村庄(社区)/个
1	邯山区	11.48	北张庄镇、马庄乡、南堡乡、代召乡、兴华路街道、罗城头街道	16
2	丛台区	5.20	兼庄乡	5
3	经济技术开发区	14.65	尚璧镇、姚寨乡、小西堡乡	21

经过现场踏勘和资料收集,了解不同县(区)支漳河的水文特征、河床及河岸带形态、水质状况、水生生物等各种情况,结合经济社会发展特征,充分考虑评价的相似性与差异性,按照评价工作的需求,根据《技术大纲》,对邯郸市支漳河分段开展健康评价。依据评价结果由上游到下游出境,可对标就各个县(区)的河流情况进行诊断,可针对性地辨别邯郸市支漳河不同河段的差异性特征和主导性特点。进一步地,结合河长制管理工作需求,针对不同县(区)河流健康对标提出改进和治理建议。

4.1.2　评价河段划分

4.1.2.1　评价河段划分方法

河流分段应根据支漳河水文特征、河床及河滨带形态、水质状况、水生生物特征以及流域经济社会发展特征的相同性和差异性,同时以河长管辖段作为依据,沿河流纵向将评价河流分为若干评价河段。评价河流(河段)的长度大于 50 km 的,宜划分为多个评价河段;长度低于 50 km 且河流上下游差异性不明显的河流(段),可只设置 1 个评价河段。

根据《技术大纲》要求,评价河段应按下列方法确定:

(1)河道地貌形态变异点,可根据河流地貌形态差异性分段:①按河型分类分段,分为顺直型、弯曲型、分汊型、游荡型河段;②按地形地貌分段,分为山区(包括高原)河段和平原河段。

(2)河流流域水文分区点,如河流上游、中游、下游等。

(3)水文及水力学状况变异点,如闸坝、大的支流汇入断面、大的支流分汊点。

(4)河岸邻近陆域土地利用状况差异分区点,如城市河段、乡村河段等。

通过实地踏勘,了解到支漳河整个河段河型为顺直型,且均位于平原区,大部分位于城市河段,仅经济技术开发区下游有部分乡村河段。尽管支漳河长 31.33 km,小于 50 km,但考虑对标县(区)管理,还是根据流经县(区)数量划分评价河段。

4.1.2.2　评价河段划分结果

合理的河段划分是对邯郸市支漳河整体健康评价的空间基础。根据邯郸市行政区划情况开展邯郸市支漳河河段划分,支漳河划分为 3 个河段进行评价。划分的各个评价河段编号、河段长度等信息见表 4-2,其分布如图 4-2 所示。

表 4-2　支漳河河段划分结果

编号	所属县(区)	长度/km	起点坐标/(°)	止点坐标/(°)
1	邯山区	11.48	E114.317 293 17, N36.462 779 81	E114.649 350 64, N36.578 092 70
2	丛台区	5.20	E114.320 468 90, N36.677 987 81	E114.814 252 85, N36.690 033 28
3	经济技术开发区	14.65	E114.343 524 655, N36.415 379 622	E114.444 654 701, N36.403 380 261

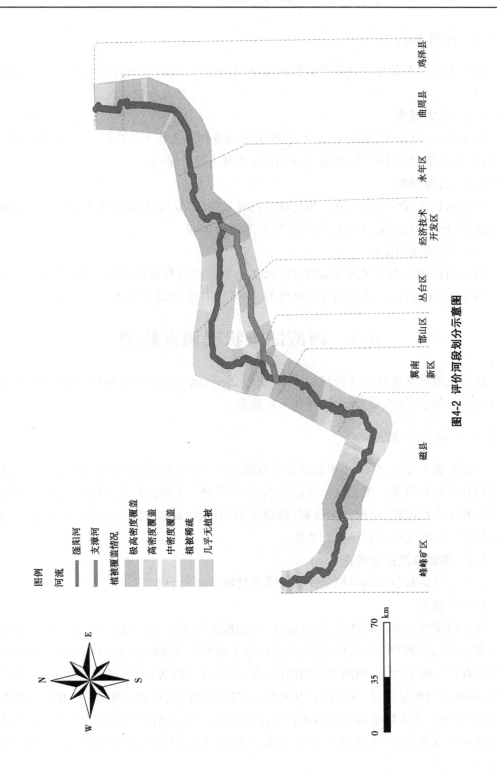

图4-2　评价河段划分示意图

4.1.3　评价年份

由于本次河湖健康评价涉及数据较多,针对不同指标和数据收集情况设定不同的评价年份。

4.1.3.1　水文相关

如生态流量(水量)满足程度、河流断流程度等和水文相关的指标计算,至少收集近 5 年数据,能收集到近 10 年序列的,以近 10 年序列为评价序列。

4.1.3.2　公报相关

如水质优劣程度,由于 2022 年环境公报尚未完成,故选择 2021 年水环境公报结果参与评价赋分并补充部分以 2022 年的实际监测结果为准。

4.1.3.3　监测踏勘相关

其他指标都需现场踏勘或监测,以 2022 年实际踏勘和监测数据为准,数据采集评价年份为 2022 年;借助遥感数据开展评价的,亦采集的是 2022 年数据。

4.2　河流健康状况调查监测

依据支漳河河流健康评价指标体系(见图 2-6),就不同准则层和指标层逐河段、逐项开展资料收集、现场查勘、走访调查和采样监测。

4.2.1　"盆"完整性调查

由 2.1.2.1 可知,"盆"主要包括 2 个方面:岸线自然指数和违规开发利用水域岸线程度的调查及资料收集。根据技术规范要求,组织开展了支漳河形态结构系统调查,通过现场调查和无人机航拍,结合相关资料,摸清支漳河岸线、岸坡的有关情况,为支漳河"盆"完整性准则层状况评价提供基础依据。

4.2.1.1　岸线自然指数调查

岸线自然指数包含河岸稳定性和岸线植被覆盖度两个方面。

1. 河岸稳定性

河岸稳定性包括岸坡高度、岸坡倾角、岸坡植被覆盖度、岸坡基质以及河岸冲刷状况等要素,采用现场观测、无人机拍摄、遥感和施工图查勘等多种途径进行踏勘。其中,现场观测调查河岸稳定性时,利用激光测距仪(深达威 SW-600A)分别对河流左、右岸的岸坡倾角、高度进行测量记录,并对岸坡基质及河岸冲刷状况进行观测记录;岸坡植被覆盖度采用现场调研、无人机拍摄和遥感图相结合的办法。支漳河河岸带稳定性状况调查结果详见表 4-3,支漳河岸坡植被覆盖度计算详见表 4-4,岸线自然指数现场调查情况详见图 4-3。

表 4-3　支漳河河岸带稳定性状况调查结果

县(区)名称	监测段	岸坡特征	指标值				
			岸坡		岸坡植被覆盖度/%	基质	河岸冲刷状况
			高度/m	倾角/(°)			
邯山区	滏西桥	左岸	4.8	11	41	黏土	无冲刷
		右岸	5.2	11	47	黏土	无冲刷
丛台区	人民桥	左岸	3	11	62	黏土	无冲刷
		右岸	3	10.2	63	黏土	无冲刷
经济技术开发区		左岸	2.5	11	71	黏土	无冲刷
		右岸	2.5	10.2	68	黏土	无冲刷

表 4-4　支漳河岸坡植被覆盖度计算

岸坡植被评价计算要素		县(区)及评价河段		
		邯山区	丛台区	经济技术开发区
		滏西桥	人民桥	
植被覆盖面积/km²	左岸	0.04	0.11	0.19
	右岸	0.03	0.11	0.17
岸带面积/km²	左岸	0.09	0.17	0.27
	右岸	0.07	0.17	0.24
岸段长度/km		7.03	9.44	14.86
总长度/km		31.33		
覆盖度/%	左岸	41	62	71
	右岸	47	63	68
	平均	44	63	70

图 4-3　岸线自然指数现场调查情况

2. 岸线植被覆盖度

两岸的岸线植被覆盖情况通过现场无人机拍摄、现场踏勘记录和遥感图片识别相结合进行开展。支漳河岸线植被覆盖度计算如表 4-5 所示,调查情况见图 4-3。

表 4-5　支漳河岸线植被覆盖度计算

评价及计算要素		评价县（区）		
		邯山区	丛台区	经济技术开发区
植被覆盖面积/km²	左岸	0.03	0.06	0.17
	右岸	0.03	0.06	0.17
岸带面积/km²	左岸	0.07	0.13	0.22
	右岸	0.07	0.11	0.19
岸段长度/km		7.03	9.44	14.86
总长度/km			31.33	
覆盖度/%	左岸	43	46	77
	右岸	43	55	89
	平均	43	50	83

4.2.1.2　违规开发利用水域岸线程度调查

由 2.1.2.1 可知,违规开发利用水域岸线程度主要包括入河排污口规范化建设率、入河湖排污口布局合理程度和河湖"四乱"状况 3 个方面。

通过收集相关环保部门排污口建设资料,支漳河未设置入河排污口规划,故该指标以河湖"四乱"状况为主。

"四乱"状况通过现场调研、踏勘及收集河长办 2022 年 1—8 月数据台账相结合的方法进行调查评价。通过统计 2022 年台账得知,支漳河"四乱"问题主要集中在经济技术开发区和丛台区,如表 4-6 所示。支漳河经济技术开发区段共发现乱堆问题 8 处、乱建问题 1 处,支漳河丛台区段共发现乱堆问题 3 处、乱建问题 1 处。经 9 月现场踏勘复核,上述"四乱"问题均已得到解决。

表 4-6　支漳河"四乱"情况调查

所属县（区）	乱占	乱采	乱堆	乱建	合计
丛台区	0	0	3	1	4
经济技术开发区	0	0	8	1	9

4.2.2　"水"完整性调查

由 2.1.2.2 可知,"水"完整性准则层包括 2 个方面:水量和水质的调查及资料收集的重点分别在于收集水文站流量、径流资料与现场采样及现场监测记录。

根据技术规范要求,组织开展了支漳河水量和水质的系统调查,通过查阅水文站历史资料和现场采样,掌握支漳河水量和水质的情况,为支漳河"水"完整性准则层状况评价提供了基础依据。

4.2.2.1　水量

由《技术大纲》可知,对于已批复生态水量的河流,结合流域生态流量管理要求,可直接采用批复成果;对于尚未批复生态水量的河流,可结合水文站的流量资料及相关水文资料,计算 4—9 月及 10 月至翌年 3 月最小日均流量占相应时段多年日均流量的百分比。

根据资料调查,支漳河尚未批复生态水量,可结合张庄桥水文站和莲花口水文站的 1980—2016 年流量资料,计算 4—9 月及 10 月至翌年 3 月最小日均蓄水量占相应时段多年日均值的百分比。

计算过程如下。

1. 支漳河

支漳河未批复生态水量保障实施方案,由于受沿途闸门控制影响,闭闸后河道流速缓慢,但仍保持一定蓄水量和生态水面。根据这一实际,采用蓄水量赋分来进行生态水量满足程度分析。

通过计算近 5 年 4—9 月及 10 月至翌年 3 月最小日均蓄水量占相应时段多年日均蓄水量的百分比,来进行生态水量满足程度评价。将年内蓄水量分为 4—9 月、10 月至翌年 3 月两个时间段,计算每段内最小日均蓄水量占相应时段多年日均蓄水量的百分比。

选取支漳河上张庄桥监测断面水位及大断面观测资料(2015—2021 年),分别对逐年 4—9 月及 10 月至翌年 3 月最小日均蓄水量进行计算,见图 4-4、图 4-5。

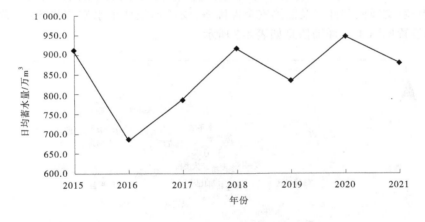

图 4-4　支漳河 4—9 月逐年最小日均蓄水量

由图 4-4、图 4-5 可知,支漳河 10 月至翌年 3 月最低日均蓄水量为 731.4 万 m³,占多年日均蓄水量 994.0 万 m³ 的 73.6%;支漳河 4—9 月最小日均蓄水量为 683.7 万 m³,占多年日均蓄水量 1 023 万 m³ 的 66.8%。

2. 河流断流程度调查

收集 2012—2021 年支漳河水位等水文资料,查阅邯郸市 2012—2021 年水利统计年鉴等资料,并沿线开展了调查走访。调查结果显示,近 10 年来,支漳河一直保有一定水量。

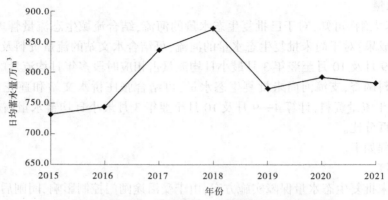

图 4-5　支漳河 10 月至翌年 3 月逐年最小日均蓄水量

4.2.2.2　水质

1. 水质优劣程度调查

1) 监测断面布设

通过收集整理邯郸市环境监测公报,支漳河没有布设水质监测断面。根据项目开展需要,分别于 2022 年 5 月和 8 月,对支漳河开展了水质现状补充监测。补充监测点位选取时,充分考虑了河段划分,确保每个评价河段至少设置 1 个监测断面,结合现场勘察,综合考虑代表性、交通便利性以及监测安全保障等,支漳河设 2 个水质监测断面,满足任务要求,具体位置见图 4-6,详细信息如表 4-7 所示。

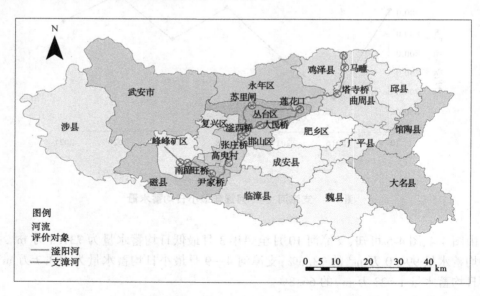

图 4-6　水质补充监测点及生态监测点位示意图

表 4-7　支漳河水质补充监测断面情况

序号	名称	所在县（区）	坐标		说明
			经度/(°)	纬度/(°)	
1	人民桥	丛台区	E114.576 834 85	N36.603 766 35	底泥监测
2	滏西桥	邯山区	E114.505 965 11	N36.565 609 63	

2）水质监测要素

本项目按照《地表水环境质量标准》（GB 3838—2002），选取水质监测要素，开展野外取样和实验室检测，进行地表水环境质量评价，分析评价支漳河水质优劣程度。

本项目选取的水质要素主要包括水温、pH、溶解氧、高锰酸盐指数、化学需氧量、五日生化需氧量、氨氮、总磷、总氮、铜、锌、氟化物、硒、砷、汞、镉、铬（六价）、铅、氰化物、挥发酚、阴离子表面活性剂、硫化物等，水样采集、实验室检测、数据分析评价等符合有关生态环境监测相关规范的要求。

3）水质评价结果

2022 年 5 月和 8 月，开展支漳河 2 个断面的水质现状补充监测，结果（见表 4-8）显示，5 月、8 月各断面水质全部达到地表水Ⅲ类及以上，水质状况整体较好。

表 4-8　支漳河水质补充监测结果

序号	名称	所属县（区）	目标水质	5 月	8 月	平均
1	滏西桥	邯山区	Ⅳ	Ⅱ	Ⅳ	Ⅲ
2	人民桥	丛台区	Ⅳ	Ⅲ	Ⅲ	Ⅲ

2. 底泥污染指数调查

1）监测点位布设

底泥污染指数调查在水质补充监测断面布设的基础上，考虑到河流长度不到 50 km，本书仅选取 1 个点位进行了底泥污染物浓度监测，见表 4-9。

表 4-9　支漳河底泥监测成果

点位名称	pH	含水率	密度	总磷	铜	铅	锌	砷	镉	汞	铬	镍
	无量纲	%	g/cm³	mg/kg								
人民桥	7.96	45.24	1.36	433.2	20.2	36.9	40.1	7.25	0.102	0.044	45.95	43.25
风险值	>7.5	—	—	100	170	300	25	0.6	3.4	250	190	

2）底泥监测要素

按照《土壤环境质量　农用地土壤污染风险管控标准（试行）》（GB 15618—2018），选取了铜、铅、锌、砷、镉、汞、铬、镍 8 项重金属污染物开展底泥污染物浓度评价。实地取样后,依据相关规定对底泥进行实验室检测,分析评价底泥污染指数。底泥采集、试验、数据等需符合有关生态环境监测的相关规范要求。

3)底泥监测评价结果

通过对支漳河1个点位开展重金属污染物监测,检测结果(见表4-10)显示该点位的各项指标均低于《土壤环境质量　农用地土壤污染风险管控标准(试行)》(GB 15618—2018)规定的风险筛查值,底泥污染状况良好。

表4-10　底泥污染指数计算

点位	铜	铅	锌	砷	镉	汞	铬	镍
黑龙洞	<1	<1	<1	<1	<1	<1	<1	<1
尹家桥	<1	<1	<1	<1	<1	<1	<1	<1
东于口	<1	<1	<1	<1	<1	<1	<1	<1
人民桥	<1	<1	<1	<1	<1	<1	<1	<1

3. 水体自净能力调查

1)监测断面布设

由于收集到的历史数据有限,根据项目开展需要,项目组分别于2022年5月和8月对开展评价的支漳河开展了水质补充监测。

2)监测要素

水体自净能力调查的监测要素为溶解氧,现场使用便携式溶解氧仪(型号:哈希 Hq-40d)对河水溶解氧浓度进行监测并记录数据,同时将采集的水样送到实验室进行检测。

3)监测结果

补充监测断面中,支漳河各断面5月和8月两次监测得到的溶解氧数值(见表4-11)均处于较高水平。

表4-11　支漳河补充监测断面溶解氧监测成果　　　　　　　　　　　　单位:mg/L

序号	名称	所属县(区)	5月数据	8月数据	平均数据
1	滏西桥	邯山区	8.6	9.0	8.8
2	人民桥	丛台区	10.8	8.9	9.9

4.2.3　生物完整性调查

由2.1.2.3可知,生物完整性包括3个方面:大型底栖无脊椎动物生物完整性指数、鱼类保有指数的调查和资料收集的重点在于现场调查记录。

根据技术规范要求,组织开展了支漳河水生生物状况系统调查,通过现场调查,结合历史资料,摸清支漳河水生生物现状,为支漳河水生生物完整性准则层状况评价提供基础依据。

4.2.3.1　大型底栖无脊椎动物生物完整性指数调查

1. 采样点布设及样品采集

为便于分析,在上述原则基础上,生物监测调查的测点与水质补充监测断面尽量保持一致,支漳河各监测点位置见表4-7。

依据测点现场实际情况,大型底栖动物定量采集采用 D 形网;定性采集使用 D 形网,每个断面采集 3~5 个样框。分别于 5 月和 8 月对支漳河 2 个监测点展开采样工作。

2. 调查监测结果

支漳河 2 个监测点位共有大型底栖无脊椎动物43 种,节肢动物门(Arthropoda)30 种,占据显著优势。此外,还有软体动物门(Mollusca)9 种、环节动物门(Annelida)4 种。节肢动物门(Arthropoda)中,昆虫纲(Insecta)26 种,占据绝对优势。整体看,大型底栖无脊椎动物群落结构呈现出较高的生物多样性。然而,代表清洁水体类型的种类所占比例仍较低。

3. BIBI 计算过程

1) 参照点和受损点的选择

根据参照点的选取原则及支漳河水生态监测点位所在水生态分区的实际情况,综合考虑各监测点位周边人为活动干扰强度、物理形态结构和水生态系统状况,考虑滏阳河、支漳河水系的高度连通性,以及支漳河监测点的有限性,将滏阳河和支漳河的 BIBI 一起计算,并选择滏阳河的尹家桥、苏里、张庄桥和南留旺作为参照点,支漳河监测的 2 个点位作为受损点。

2) 评价参数的选择

大型底栖无脊椎动物生物完整性评价指标及其对干扰的反应见表4-12。

表 4-12　大型底栖无脊椎动物生物完整性评价指标及其对干扰的反应

类群	评价参数编号	评价参数	对干扰的反应
多样性和丰富性	M1	总分类单元数	减小
	M2	蜉蝣目、毛翅目和襀翅目分类单元数	减小
	M3	蜉蝣目分类单元数	减小
	M4	襀翅目分类单元数	减小
	M5	毛翅目分类单元数	减小
群落结构组成	M6	蜉蝣目、毛翅目和襀翅目个体数百分比	减小
	M7	蜉蝣目个体数百分比	减小
	M8	摇蚊类个体数百分比	增大

续表 4-12

类群	评价参数编号	评价参数	对干扰的反应
耐污能力	M9	敏感类群分类单元数	减小
	M10	耐污类群个体数百分比	增大
	M11	Hilsenhoff 生物指数	增大
	M12	优势类群个体数百分比	增大
	M13	大型无脊椎动物敏感类群评价指数（BMWP 指数）	减小
	M14	科级耐污指数（FBI 指数）	增大
功能摄食类群与生活型	M15	黏附者分类单元数	可变
	M16	黏附者个体数百分比	可变
	M17	滤食者个体数百分比	增大
	M18	刮食者个体数百分比	下降

3）核心参数的选择

根据箱体的重叠情况，对 IQ（生物判别能力）赋予不同的值，若无重叠，$IQ=3$；部分重叠，但各自中位数值都在对方箱体范围之外，$IQ=2$；仅一个中位数值在对方箱体范围之内，$IQ=1$；各自中位数值都在对方箱体范围之内，$IQ=0$。对 $IQ \geqslant 2$ 的指数进行进一步分析。比较参照点和受损点各个评价参数箱体 IQ（25%分位数至 75%分位数之间）的重叠程度，选取箱体没有重叠或有部分重叠，但各自中位数均在对方箱体范围之外的参数，保留做进一步分析使用。

依据上述原则，支漳河大型底栖动物中，蜉蝣目、毛翅目和襀翅目等清洁水体指示类群在参照点和受损点中所占比例均较低，根据涉及三个类群的指标蜉蝣目、毛翅目和襀翅目个体数百分比（M6）的箱线图（见图 4-7）可以看出，虽满足 $IQ \geqslant 2$，但因所占比例低且不满足对干扰反应减小的趋势，不能作为核心指标。

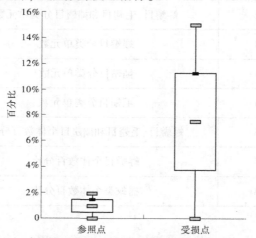

图 4-7　蜉蝣目、毛翅目和襀翅目个体数百分比箱线图

同理,备选指标中的蜉蝣目、毛翅目和襀翅目分类单元数(M2)及蜉蝣目分类单元数(M3)、襀翅目分类单元数(M4)、毛翅目分类单元数(M5)等亦不满足作为核心指标的条件。

摇蚊类是滏阳河大型底栖动物的常见类群,选择摇蚊类个体数百分比(M8)进行箱线图分析,可以看出,摇蚊在各点位的分布体现了较大的分布范围。然而,该指标在参照点和受损点的分布辨别能力为0,无法满足 $IQ \geqslant 2$ 的基本要求,如图4-8所示。

同理,完成其他备选指标辨别能力的分析,并绘制箱线图完成辨别能力分析,由此筛选出"总分类单元数"(M1)作为符合条件的评价参数进行保留,评价参数箱体图见图4-9。

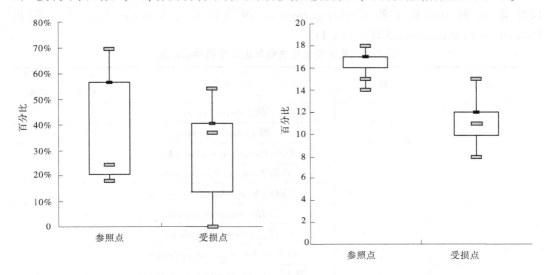

图 4-8　摇蚊类个体数百分比评价箱线图　　　　图 4-9　总分类单元数评价箱线图

采用比值法来统一核心参数的量纲。"总分类单元数"对于外界压力响应减少/下降的参数。根据《技术大纲》,对于外界压力响应下降或减少的参数,应以所有样点由高到低排序的5%的分位数作为最佳期望值,该类参数的分值等于参数实际值除以最佳期望值。将评价参数的分值算数平均,得到 BIBI 指数值。将参考点样点 BIBI 值由高到低排序,选取25%分位数作为最佳期望值(0.84),BIBIE 指数赋分100。结果如表4-13所示。

表 4-13　大型底栖无脊椎动物生物完整性评价指标赋分

点位名称	点位性质	监测值 BIBIO	期望值 BIBIE
南留旺*	参照点	0.86	0.84
尹家桥*	参照点	1.03	0.84
张庄桥*	参照点	0.80	0.84
苏里*	参照点	0.86	1.02
人民桥	受损点	0.69	0.82
滏西桥	受损点	0.63	0.75

4.2.3.2　鱼类保有指数调查

分别于 2022 年 3 月、5 月和 8 月,对支漳河邯山区段及永年区段进行了实地考察,采取捕捞、实地走访相结合的方法开展调研。采集以网捕、地笼诱捕为主,同时结合实地调查走访河道管理人员、河道附近垂钓者或有关鱼类生物专家,调查支漳河的鱼类种类及分布状况。样品采集之后,对易于辨认和鉴定的种类直接进行现场初步鉴定,并将初步鉴定的种类和剩余物种用 10% 的福尔马林溶液固定保存,带回实验室鉴定。

根据调查,支漳河水系现存鱼类共 42 种,隶属于 8 目 14 科,其中 3 种为外来引入养殖种类,分别为革胡子鲶 *Clarias gariepinus*、西伯利亚鲟 *Acipenser baeri* 和大银鱼 *Protosalanx hyalocranius*,结果见表 4-14。

表 4-14　支漳河历史鱼类与现存鱼类种类组成

目	科	种类	历史种类	现存种类
鲤形目 *Cypriniformes*	鲤科 *Cyprinidae*	鲤 *Cyprinus carpio*	+	+*
		鲫 *Carassius auratus*	+	+*
		草鱼 *Ctenopharyngodon idellus*	+	+*
		青鱼 *Mylopharyngodon piceus*	+	+
		赤眼鳟 *Squaliobarbus curriculus*	+	+
		鳘 *Hemiculter leucisculus*	+	+*
		贝氏鳘 *Hemiculter bleekeri*	+	+
		厚颌鲂 *Megalobrama pellegrini*	+	+
		团头鲂 *Megalobrama amblycephala*	+	+
		中华鳑鲏 *Rhodeus sinensis*	+	+*
		高体鳑鲏 *Rhodeus ocellatus*	+	+*
		缺须鱊 *Acheilognathus imberbis*	+	+*
		白河刺鳑鲏 *Acanthorhodeus peihoensis*	+	+
		大鳍刺鳑鲏 *Acanthorhodeus macropterus*	+	+
		兴凯刺鳑鲏 *Acanthorhodes chankaensis*	+	
		鲢 *Hypophthalmichthys molitrix*	+	+
		鳙 *Aristichthys nobilis*	+	+
		翘嘴鲌 *Culter alburnus*	+	+*
		红鳍原鲌 *Cultrichthys erythropteru*	+	+*
		蒙古红鲌 *Erythroculter mongolicus*	+	
		马口鱼 *Opsariicjthys bidens*	+	+*
		棒花鱼 *Abbottina rivularis*	+	+*
		宽鳍鱲 *Zacco clongatus*	+	+
		鳡 *Elopichthys bambnsa*	+	

续表 4-14

目	科	种类	历史种类	现存种类
鲤形目 Cypriniformes	鲤科 Cyprinidae	尖头大吻鳄 *Rhynchocypris oxycephalus*	+	+*
		黑鳍鳈 *Sarcocheilichthys nigripinnis*	+	+*
		隐须颌须鮈 *Gnathopogon mcholsi*	+	+
		长春鳊 *Parabramis bramuls*	+	+
		飘鱼 *Parapelecu ssinensis*	+	
		花鳕 *Hemibarbus maculatus*	+	+*
		似鳊 *Pseudobrama simoni*	+	
		银鲴 *Xenocypris argentea*	+	
		黄尾鲴 *Xenocypris davidi*	+	+
	鳅科 Cobitidae	泥鳅 *Misgurnus anguillicaudatus*	+	+*
		大鳞副泥鳅 *Paramisgurnus dabryanus*	+	+*
		粗壮高原鳅 *Triplophysa robusta*	+	+*
	刺鳅科 Mastacembelidae	中华刺鳅 *Mastacembelus sinensis*	+	
鲇形目 Siluriformes	鲿科 Bagridae	黄颡 *Pelteobagrus fulvidraco*	+	+*
		瓦氏拟鲿 *Pelteobaggrus vachelli*	+	
	鲇科 *Siluridae*	鲇 *Parasilurus asotus*	+	+
	胡子鲇科 *Clariidae*	革胡子鲇 *Clarias gariepinus*		+#
鳉形目 Cyprinodontiformes	青鳉科 Cyprinodontidae	青鳉 *Oryzias latipes*	+	
	鮨科 *Serranidae*	鳜 *Siniperca chuatsi*	+	+
鲈形目 *Perciformes*	鰕虎鱼科 *Gobiidae*	子陵吻鰕虎鱼 *Rhinogobius similis*	+	+*
		真栉鰕虎鱼 *Acentrogobius similis*	+	
	塘鳢科 *Eleotridae*	小黄黝鱼 *Hypseleotris swinhonis*	+	
		斑点塘鳢 *Eleotris balia*	+	
	丝足鲈科 Osphronemidae	圆尾斗鱼 *Macropodus ocellatus*	+	
鲑形目 *Salmoniformes*	银鱼科 *Salangidae*	大银鱼 *Protosalanx hyalocranius*		+#
鲟形目 Acipenseriformes	鲟科 *Acipenseridae*	西伯利亚鲟 *Acipenser baeri*		+#
合鳃目 Synbranchiformes	合鳃科 Synbranchidae	黄鳝 *Monopterus albus*	+	+
鳢形目 Ophiocephaliformes	鳢科 Ophiocephalidae	乌鳢 *Ophiocephalus argus*	+	+*

注：* 为本次调查捕获种，# 为引入养殖种类。

4.2.4 社会服务功能可持续性调查

由 2.1.2.4 可知,社会服务功能包括 3 个方面:完整性准则层的指标选取防洪达标率、岸线利用管理指数、公众满意度的调查和资料收集,重点分别在于收集水利工程基础信息、水利工程设计文件、工程相关规划数据和问卷调查。

根据技术规范要求,组织开展支漳河社会服务功能系统调查,通过发放问卷调查,结合相关资料,掌握支漳河河流的社会服务功能情况,为支漳河社会服务功能可持续性状况评价提供了基础依据。

4.2.4.1 防洪达标率调查

防洪达标率是指防洪堤防达到相关规划防洪标准要求的长度与现状堤防总长度的比例。本次防洪达标率调查,通过收集各县(区)水利工程基础信息相关文件,结合实地调查,获取堤防欠高、长度及堤防交叉建筑物个数。

沿支漳河所经邯山区、丛台区、经济技术开发区开展了实地踏勘,并借助无人机等技术手段进行了监测。在此基础上,和各县(区)河长办及其他水行政主管部门进行沟通调研,通过收集河道治理工程相关规划图纸及文件,复核当前支漳河沿岸各行政区域堤防建设长度、高度及相关设计指标。项目采用各种手段,以确保资料获取的真实性、有效性和完整性。支漳河堤防基本情况如表 4-15 所示,堤防高度经过复核。

表 4-15 支漳河堤防基本情况

县(区)	名称	级别	堤防起点	堤防终点	堤防长度/m	堤防总长度/m
邯山区	支漳河分洪道左堤—邯山区—经济技术开发区段	1	邯山区南堡乡中堡村	经济技术开发区尚壁镇吴唐营	12 451	29 998
	支漳河分洪道左堤—邯山区段	1	邯山区马庄乡南河边社区	邯山区北张庄镇左西社区	2 000	
	支漳河分洪道右堤—邯山区—经济技术开发区段	2	山区南堡乡中堡村南堡李	邯山区代召乡曹乐堡村	13 547	
	支漳河分洪道右堤—邯山区段	2	邯山区马庄乡南河边社区	邯山区北张庄镇左西社区	2 000	
经济技术开发区	支漳河分洪道左堤—经济技术开发区段	4	姚寨乡沙屯村	小西堡乡东马庄村	12 239	24 670
	支漳河分洪道右堤—经济技术开发区段	5	姚寨乡沙屯村	小西堡乡东马庄村	12 431	

4.2.4.2 岸线利用管理指数调查

岸线资源具有保护防洪安全、河势稳定、保护水生态环境和维持河流健康等多功能作用。本次岸线利用指数调查,通过现场调研、遥感卫星图片(见图 4-10、图 4-11)和谷歌地图以及调研走访等多种手段计算和复核。为进一步核实,增加沿岸实地调查频次,计算得出各行政区岸线利用管理指数,见表 4-16。

图 4-10　邯郸市植被覆盖遥感图(2022 年 9 月)

图 4-11　岸线利用情况(无人机照片)

表 4-16　支漳河岸线利用情况

分类		邯山区	丛台区	经济技术开发区
厂房服务业	左岸	0	0	0
	右岸	0	0	0
绿地或农田	左岸	1.12	6.51	12.14
	右岸	1.41	6.51	13.25
道路、生活区	左岸	5.91	2.93	2.72
	右岸	5.62	0.57	1.61

4.2.4.3　公众满意度调查

1.调查问卷的设计

对支漳河进行了实地考察,通过发放调查问卷,调查不同人群对于评价河流各种功能的满意程度。调查内容主要包括受访者信息、公众对河湖满意度 2 个方面,公众对河湖满意度方面包含水量状况、水质状况、河岸带状况、鱼类状况、景观状况和娱乐休闲活动适宜程度 6 个方面,基于《技术大纲》附件原有调查问卷,本书对一些指标做了调整,其中受访者信息方面对受访者的年龄与职业进行了更进一步的划分,体现了问卷的普遍性;鱼类状况方面由于沿河居民对鱼的个体变化没有直观的感受,所以针对鱼类状况只调查了鱼类数量的变化,使得问卷更加直观,也更易于实施。电子问卷调查见图 4-12,纸质调查问卷如图 4-13 所示。

图 4-12　邯郸市支漳河河湖
健康评价问卷调查

2.实施过程

本次公众满意度调查工作,采用线上、线下相结合的方式开展。线下主要结合实地踏勘和水质、水生态采用时开展调查。为了补充邯郸市区居民的满意度样本量,分别于 2022 年 7 月 18 日和 7 月 20 日前往南湖公园附近进行了专门调查。由于线下开展频次有限,特形成电子调查问卷,发放的对象主要是支漳河沿岸居民及邯郸市及下属县(区)市民。

3.调查结果

本次线上、线下共得到有效问卷 542 份,满足《技术大纲》问卷超过 100 份的要求。经过统计,调查对象男女比例为 15.13∶9.87;年龄分布主要集中在 40~50 岁,其中 20~60 岁分布占比达 93.35%;职业分布较为均匀,其中职业为其他的占比为 31.73%。上述分布分别如图 4-14~图 4-16 所示。

河湖健康评价公众调查表

姓名:			性别:	年龄:15~30□ 30~60□ 60以上□	
电话:	（选填）		职业:自由职业者□ 国家工作人员□ 其他□		

防洪安全状况		岸线状况			
洪水漫溢现象		河岸"四乱"情况 乱采、乱占、乱堆、乱建		河岸破损情况	
经常	□	严重	□	严重	□
偶尔	□	一般	□	一般	□
不存在	□	无	□	无	□
水量水质状况		水生态状况			
水量	增多	□	鱼类	较多	□
	一般	□		一般	□
	减少	□		较少	□
水质	清洁	□	水生植物	较多	□
	一般	□		一般	□
	较脏	□		较少	□
垃圾漂浮物	较多	□	水鸟	较多	□
	一般	□		一般	□
	无	□		较少	□
适宜性状况					
景观绿化情况	优美	□	娱乐休闲活动	适合	□
	一般	□		一般	□
	较差	□		不适合	□
河湖满意度程度调查					
河湖治理保护措施是否提高生态效益和社会效益:显著提高□ 无明显变化□ 效果更差□					
总体满意度		不满意的原因是什么?		希望的状况是什么样的?	
很满意(90~100)					
满意(75~90)					
基本满意(60~75)					
不满意(0~60)					

图 4-13 邯郸市河湖健康评价调查问卷(纸质版)

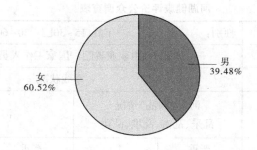

图 4-14　男女比例分布情况

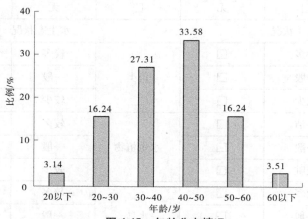

图 4-15　年龄分布情况

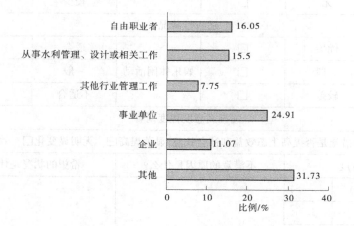

图 4-16　职业分布统计

可知,本次样本充足,性别、年龄及职业分布合理,能够代表公众对支漳河满意度调查需求。

第 5 章　清漳河调查和评价

5.1　评价范围及河段划分

5.1.1　评价范围确定

本次清漳河健康评价的范围是清漳河流经涉县县域的全段,起于贾家庄至入合漳乡的台庄村,全长 61 km。

5.1.2　评价河段划分

5.1.2.1　评价河段划分方法

应根据河流水文特征、河床及河滨带形态、水质状况、水生生物特征以及流域经济社会发展特征,沿河流纵向将评价河流分为若干评价河段。每条评价河流设置的评价河段数量不宜低于 3 段。大江大河在水文特征、河床及河滨带形态、水质等变化不明显的河段,评价河段长度可适当增大。长度低于 50 km,且河流上下游差异性不明显的河流(段),可只设置 1 个评价河段。评价河段范围应按下列方法确定:

(1)河道地貌形态变异点,可根据河流地貌形态差异性分段:①按河型分类分段,分为顺直型、弯曲型、分汊型、游荡型河段;②按地形地貌分段,分为山区河段和平原河段。

(2)河流流域水文分区点,如河流上游、中游、下游等。

(3)水文及水力学状况变异点,如闸坝、大的支流汇入断面、大的支流分汊点。

(4)河岸邻近陆域土地利用状况差异分区点,如城市河段、乡村河段等。

5.1.2.2　评价河段划分结果

遵循河流健康评价河段划分的主要原则,结合涉县清漳河河段的水文、河床及河道形态特征及相关区划情况。按照河段划分方法,根据水文及水力学状况变异点开展涉县清漳河河段划分,划分为 5 个河段进行评价,如图 5-1 所示。划分的各个评价河段编号、起始位置信息、河段长度等信息见表 5-1。

图 5-1　涉县清漳河河段划分

表 5-1　涉县清漳河流域健康评价河段划分结果

河段编号	起点/(°)		终点/(°)		长度/km	类型	变异点
1	刘家庄	E113.511 044 2 N36.721 444 7	索堡	E113.588 067 8 N36.639 631 3	12	山区河段	南委泉河
2	索堡	E113.588 067 8 N36.639 631 3	赤岸	E113.588 067 8 N36.639 631 3	10	山区河段	宇庄河
3	赤岸	E113.588 067 8 N36.639 631 3	连泉	E113.723 142 9 N36.499 604 4	12	山区河段	神头沟 东枯河
4	连泉	E113.723 142 9 N36.499 604 4	匡门口	E113.783 889 N36.454 167	11	山区河段	东风湖 出口
5	匡门口	E113.783 889 N36.454 167	合漳	E113.865 670 1 N36.378 397 8	16	山区河段	关防河

5.2 河流健康状况调查监测

5.2.1 "盆"完整性调查

依据《技术大纲》,涉县清漳河"盆"完整性准则层调查评价主要考察河流形态结构完整性,此次调查评价内容包括河流纵向连通指数、岸线自然状况和违规开发利用水域岸线程度 3 个指标。

5.2.1.1 岸线自然指数调查

依据《技术大纲》规定,岸线自然状况调查包括河岸带稳定性和岸线植被覆盖度两个方面。该指标可采用现场调查或遥感解译方式获取,且宜采用植物生长最茂盛的 3—10 月获取数据。

1.河岸稳定性

根据调查规范要求,2022 年 7 月初采用现场调查的方式,布设调查点位,开展了河岸带稳定性现场调查。

1)调查点位

根据涉县清漳河段河道特点,河岸带稳定性调查共布设 6 个断面,点位分布情况详见表 5-2。

表 5-2 河岸稳定性调查点位分布情况

编号	调查断面	经纬度/(°)	
1	刘家庄	E113. 511 044 2	N36. 721 444 7
2	索堡	E113. 588 067 8	N36. 639 631 3
3	赤岸	E113. 588 067 8	N36. 639 631 3
4	连泉	E113. 723 142 9	N36. 499 604 4
5	匡门口	E113. 783 889	N36. 454 167
6	合漳	E113. 865 670 1	N36. 378 397 8

2)调查内容

根据河岸稳定性评价要素,本次调查的内容包括岸坡倾角、岸坡高度、岸坡植被覆盖度、基质类别、河岸冲刷强度等 5 个方面。

3)调查方法

根据《技术大纲》,岸坡倾角、岸坡高度、岸坡植被覆盖度、基质类别、河岸冲刷状况,采用现场查勘观测的方法。植被覆盖度调查采用样方调查法,分别在调查断面左、右岸选取典型区域。为尽量减少调查人员主观判断因素造成的误差,每个调查点位表均应至少由两人填写,若两人定性化指标调查选项相同,或定量化指标调查结果相对误差小于 10%,则属有效调查,其估算结果取定性化指标的相同选项或定量化指标调查结果的平均值;否则视为无效调查,应予以重新调查,邀请第三人共同判定。河岸带状况现场调查见图 5-2。

图 5-2　清漳河河岸带状况现场调查

4) 调查结果

根据现场调查,清漳河河岸稳定性调查结果见表 5-3。

表 5-3　清漳河河岸稳定性调查结果

编号	断面名称	岸边	岸坡倾角/(°)	岸坡植被覆盖度/%	岸坡高度/m	岸坡基质	河岸冲刷状况
1	刘家庄	左岸	10	85	0.8	基岩	无
		右岸	10	85	0.8	基岩	无
2	索堡	左岸	25	50	1.5	基岩	无
		右岸	25	50	1.5	基岩	无
3	赤岸	左岸	22	80	1.2	基岩	无
		右岸	22	80	1.2	基岩	无
4	连泉	左岸	20	85	1.5	岩土	无
		右岸	20	85	1.5	岩土	无
5	匡门口	左岸	11	90	0.8	基岩	无
		右岸	90	90	0	基岩	无
6	合漳	左岸	18	70	1.2	岩土	无
		右岸	18	70	1.2	岩土	无

2. 岸线植被覆盖度

根据调查规范要求,于涉县清漳河流域植物生长最茂盛时期采用现场调查的方法,布设调查点位,开展了岸线植被覆盖度调查。

1) 调查点位

根据清漳河河道特点和植被状况,岸线植被覆盖度调查共布设 6 个断面:刘家庄、索堡、赤岸、连泉、匡门口、合漳。

2) 调查方法

选用样方调查方法,选择具有典型特征和代表性特征的植物群落。理想条件下,在河两岸分别设置评价样方,依据《陆地生态系统生物观测规范》在断面河道两侧选取样方,草本样方面积设 1 m×1 m,灌木群落样方面积设 5 m×5 m,乔木群落样方面积设 10 m×10 m,记录植物种类和覆盖度。

3) 调查结果

清漳河岸线植被覆盖度调查结果详见表 5-4。

表 5-4　清漳河岸线植被覆盖度调查结果

编号	断面名称	岸边	岸线植被覆盖度/%
1	刘家庄	左岸	85
		右岸	85
2	索堡	左岸	50
		右岸	50
3	赤岸	左岸	80
		右岸	80
4	连泉	左岸	85
		右岸	85
5	匡门口	左岸	90
		右岸	90
6	合漳	左岸	70
		右岸	70

5.2.1.2　违规开发利用水域岸线程度调查

1. 调查要求

依据《技术大纲》规定,违规开发利用水域岸线程度评价包括入河湖排污口规范化建设率、入河湖排污口布局合理程度和河流"四乱"状况 3 个指标。规范要求通过现场调查、遥感资料以及河湖管理有关文件等多方面进行评价。

2. 调查方法

本次涉县清漳河违规开发利用水域岸线程度调查过程中,查阅了涉县 2021 年河湖长制工作材料、涉县"一河一策"方案等有关文件,分析遥感影像,并利用无人机现场复核方式获取,见图5-3。

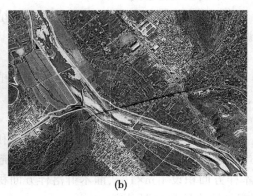

(a)　　　　　　　　　　　　　　　　　(b)

图5-3　清漳河水域岸线开发利用调查

3. 调查结果

通过本次调查,涉县清漳河入河排污口以及相应位置的管理都符合相应规章制度和指南,前期登记在册的"四乱"问题均完成了整改,本次现场调查过程中未发现存在"四乱"情况。

5.2.2　"水"完整性调查

依据《技术大纲》,涉县清漳河"水"完整性准则层分为水量和水质2个方面。本次评价涉及的水量方面有生态流量(水量)满足程度、流量过程变异程度、河流断流程度3个指标;水质方面有水质优劣程度、底泥污染状况、水体自净能力3个指标。

5.2.2.1　水量

1. 生态流量(水量)满足程度调查

1)调查要求

依据《技术大纲》,对于有流量的河流,宜采用生态流量(水量)满足程度进行表征,分别计算4—9月及10月至翌年3月最小日均流量占相应时段多年平均流量的百分比。生态流量(水量)满足程度指标采用水文在线监测、人工监测或查询工程环评报告等资料方式获取。日均流量监测期应覆盖一年四季(1—12月)。

2)调查方法

清漳河刘家庄水文站监测清漳河来水量,建站多年资料较为齐全。本次调查选用涉县清漳河刘家庄1991—2020年序列水文资料,统计计算出涉县清漳河2021年4—9月及10月至翌年3月最小日均流量占相应时段多年平均流量的百分比。

3)调查结果

根据水文资料分析计算,涉县清漳河刘家庄1991—2020年多年日均流量分别为:4—9月4.6 m³/s、10月至翌年3月1.71 m³/s。2021年最小日均流量占相应时段多年平均流量的百分比:4—9月最小占比为15.6%、10月至翌年3月最小占比为29.3%。清漳河最小日均流量及占比见表5-5。

表 5-5　清漳河最小日均流量及占比

月份	1	2	3	4	5	6	7	8	9	10	11	12
最小日均流量/(m^3/s)	0.501	0.501	1.43	1.3	0.718	1.09	1.07	1.6	3.13	20	4.2	3.13
多年日均流量/(m^3/s)	1.71	1.71	1.71	4.60	4.60	4.60	4.60	4.60	4.60	1.71	1.71	1.71
占比/%	29.3	29.3	83.6	28.3	15.6	23.7	23.3	34.8	68	1 169.6	245.6	183

2. 流量过程变异程度调查

1）调查要求

根据《技术大纲》，对有水文观测资料的河流，河流流量过程变异程度计算评价。

2）调查方法

通过对 2021 年刘家庄站水文资料进行整理统计，计算出清漳河的流量过程变异程度（FDI），并根据赋分标准进行赋分。

3）调查结果

根据水文资料分析计算，涉县清漳河刘家庄站 2021 年流量过程变异度（FDI）值为 0.5，见表 5-6。

表 5-6　2021 年清漳河流量过程变异度统计

月份	1	2	3	4	5	6	7	8	9	10	11	12
$q_m/(m^3/s)$	1.04	0.757	1.88	1.52	1.25	1.27	28.0	7.55	48.6	120	15.1	6.49
$Q_m/(m^3/s)$	2.40	1.93	2.61	1.52	1.25	1.27	28.0	10.4	53.9	123	20.7	12.1
$Q_{平均}/(m^3/s)$	21.6											
$q_m-Q_m/(m^3/s)$	-1.36	-1.17	-0.732	0	0	0	0	-2.81	-5.31	-2.75	-5.55	-5.60
$(q_m-Q_m)/Q_{平均}$	-0.063	-0.054	-0.034	0	0	0	0	-0.130	-0.246	-0.127	-0.257	-0.259
$[(q_m-Q_m)/Q_{平均}]^2$	0.004	0.003	0.001	0	0	0	0	0.017	0.060	0.016	0.066	0.067
FDI	0.5											

3. 河流断流程度调查

1）调查要求

根据《技术大纲》，采用本年度评价天数内断流天数的比例进行评估。

2）调查方法

通过查阅 2021 年清漳河刘家庄水文历史资料和询问当地河道管理部门，确定河流起止时间、断流天数、断流起始位置等信息。

3）调查结果

通过调查得知，2021 年 4—6 月清漳河索堡—赤岸河段发生断流，时间 83 d，其余河段没有发生断流情况，见表 5-7。

表 5-7　2021 年清漳河断流情况统计

河段	河段名称	断流天数/d
1	刘家庄—索堡	0
2	索堡—赤岸	83
3	赤岸—连泉	0
4	连泉—匡门口	0
5	匡门口—合漳	0

5.2.2.2　水质

1. 水质优劣程度调查

1）调查要求

依据《技术大纲》，水质优劣程度指标采用水质在线监测或取样送检或查询当地水质公报、水资源公报等方式获取。与相邻评价期间隔为 1 年，月水质监测期应覆盖一年四季（1—12 月）。水质评价应遵循《地表水环境质量标准》（GB 3838—2002）相关规定。

2）调查方法

由于涉县清漳河现有地表水监测断面较少，本次河流健康评价河段划分密集。为满足项目开展水质优劣程度调查的需求，2022 年 7 月初，在刘家庄、索堡、赤岸、连泉、匡门口和合漳共布设 6 个监测断面，开展水质采样和实验室检测，按照《地表水环境质量标准》（GB 3838—2002）开展地表水环境质量评价，分析评价清漳河水质优劣程度，见图 5-4。水样采集、试验、数据处理等符合有关生态环境监测相关规范的要求。

3）调查结果

根据涉县清漳河 6 个监测断面的检测结果，对大纲中规定的 pH、溶解氧、高锰酸盐指数、氨氮、总磷等 5 个主要污染物浓度数据进行了水质类别评价，各断面水质类别均为地表水Ⅱ类。清漳河水质监测评价结果见表 5-8。

图 5-4　清漳河水质优劣程度调查

表 5-8　清漳河水质监测评价结果

序号	断面	pH	溶解氧	高锰酸盐指数	氨氮	总磷	水质类别
1	刘家庄	8.3	8.1	1.5	0.096	0.04	Ⅱ
2	索堡	8.3	8.4	1.3	0.035	0.03	Ⅱ
3	赤岸	8.3	12.0	1.5	0.060	0.04	Ⅱ
4	连泉	8.3	8.5	1.5	0.215	0.05	Ⅱ
5	匡门口	8.2	8.4	1.5	0.021	0.04	Ⅱ
6	合漳	8.1	9.4	1.4	0.118	0.04	Ⅱ

2. 底泥污染状况调查

1）调查要求

依据《技术大纲》，采用底泥污染指数即底泥中每一项污染物浓度占对应标准值的百分比进行评价。

2）调查方法

本次清漳河健康评价的监测断面中，考虑到受近年洪水过程、河道治理施工等因素的影响，2022 年 7 月初，对受扰动较小的连泉断面底泥进行采样监测，按照《土壤环境质量　农用地土壤污染风险管控标准（试行）》（GB 15618—2018）要求对重金属指标开展分析评价,见图5-5。

(a)　　　　　　　　　　　　　　　　(b)

图 5-5　清漳河底泥污染程度调查

3)调查结果

根据涉县清漳河连泉断面底泥污染状况试验情况,统计分析8项重金属污染物浓度数据,并进行了污染状况类别评价,底泥污染指数均<1,见表5-9。

表 5-9　清漳河底泥污染指数统计

点位名称	参数	数值	标准值上限	底泥污染指数
连泉	含水率/%	53.21	—	
	密度/(g/cm³)	1.09	—	
	pH/(无量纲)	8.44	>7.5	
	总氮/(mg/kg)	736	—	
	铅/(mg/kg)	14.9	170	<1
	锌/(mg/kg)	39.9	300	<1
	砷/(mg/kg)	5.26	25	<1
	镉/(mg/kg)	0.089	0.6	<1
	汞/(mg/kg)	0.028	3.4	<1
	铬/(mg/kg)	25.41	250	<1
	镍/(mg/kg)	12.52	190	<1

3. 水体自净能力调查

1)调查要求

以水中溶解氧浓度作为水体自净能力的衡量指标。

2)调查方法

本项调查采用2022年7月清漳河6个水质断面的监测数据,采用《地表水环境质量标准》(GB 3838—2002)作为评价标准。

3）调查结果

2022 年 7 月监测结果显示,清漳河 6 个监测断面的水体自净能力均达到 7.5 mg/L 以上,详见表 5-10。

表 5-10　清漳河控制断面溶解氧浓度数据

序号	监测断面	溶解氧浓度/（mg/L）
1	刘家庄	8.1
2	索堡	8.4
3	赤岸	12.0
4	连泉	8.5
5	匡门口	8.4
6	合漳	9.4

5.2.3　生物完整性调查

依据《技术大纲》,清漳河生物完整性准则层包括大型底栖无脊椎动物生物完整性指数、鱼类保有指数。根据技术规范要求,组织开展了涉县清漳河干流水生生物状况首次系统调查,通过现场调查,结合历史资料,摸清了涉县清漳河水生生物现状,为涉县清漳河水生生物完整性准则层状况评价提供了基础依据。

5.2.3.1　大型底栖无脊椎动物生物完整性指数调查

1. 调查要求

大型底栖无脊椎动物生物完整性指数通过对比参照点和受损点大型底栖无脊椎动物状况进行评价,基于候选指标库选取核心评价指标,对评价河湖底栖生物调查数据按照评价参数分值计算方法,计算 BIBI 指数监测值。

2. 调查监测方法

1）样品采集

2022 年 6 月和 8 月,选择清漳河 6 个水质监测断面相同点位,先后两次开展清漳河大型底栖无脊椎动物生物完整性调查监测,使用 D 形网涉水进行定量采集,采集面积约 1.5 m²,并将样品放置于密封袋中待挑拣,见图 5-6。

2）样品前处理

样品挑拣时,将采集的样品置于分样筛中,然后将筛底置于含清水的水桶或水盆中轻轻摇荡,洗去样品中的污泥,筛洗后挑出其中的杂质,将筛上肉眼可见的样品全部倒入白瓷盘中,加入适量清水,用镊子将样品逐一拣入装有 30% 乙醇固定剂的样品瓶中固定,贴上样品标签。样品标本的挑拣周期不宜超过 2 d,且当日工作结束时应将待挑拣样品冷藏保存,回到实验室后换成 75% 乙醇固定剂。

3）样品检测

大型底栖动物在体视镜下进行鉴定计数。除个体较大的软体动物外,其他皆在实体

图 5-6　清漳河大型底栖无脊椎动物生物完整性调查

解剖镜下按属或种计数,并按大类统计数量。用采泥器取样采得的底栖动物,应推算出每平方米的数量。人工基质则在基质采样器数目相同的情况下,进行种类和数量的比较。生物质量通常以湿重法,用扭力天平或普通天平,称出属、种的质量,每个个体的质量和平均质量。

　　3. 调查结果

　　清漳河 6 个监测点位共有大型底栖无脊椎动物 33 种,以节肢动物门(*Arthropoda*)20种占据显著优势。此外,还有软体动物门(*Mollusca*)11 种、环节动物门(*Annelida*)2 种。节肢动物门(*Arthropoda*)中,包含昆虫纲(*Insecta*)18 种、软甲纲(*Malacostraca*)2 种。

　　整体来看,清漳河大型底栖无脊椎动物群落结构呈现出较高的生物多样性。然而,代表清洁水体类型的种类所占比例仍较低。

　　1)参照点及受损点的选取

　　根据参照点的选取原则及本项工作水生态监测点位所在水生态分区的实际情况,综合考虑各监测点位周边人为活动干扰强度、物理形态结构和水生态系统状况,选择刘家庄、连泉和匡门口作为参照点,索堡、赤岸和合漳作为受损点。

　　2)评价参数的选择

　　大型底栖无脊椎动物生物完整性评价指标见表 5-11。

表 5-11　大型底栖无脊椎动物生物完整性评价指标

类群	评价参数编号	评价参数
多样性和 丰富性	1	总分类单元数
	2	蜉蝣目、毛翅目和襀翅目分类单元数
	3	蜉蝣目分类单元数
	4	襀翅目分类单元数
	5	毛翅目分类单元数
群落结构组成	6	蜉蝣目、毛翅目和襀翅目个体数百分比
	7	蜉蝣目个体数百分比
	8	摇蚊类个体数百分比
耐污能力	9	敏感类群分类单元数
	10	耐污类群个体数百分比
	11	Hilsenhoff 生物指数
	12	优势类群个体数百分比
	13	大型无脊椎动物敏感类群评价指数(BMWP 指数)
	14	科级耐污指数(FBI 指数)
功能摄食类群 与生活型	15	黏附者分类单元数
	16	黏附者个体数百分比
	17	滤食者个体数百分比
	18	刮食者个体数百分比

3) 核心参数的选择

通过对调查结果箱体图重叠程度分析选出"总分类单元数"和"摇蚊类个体数百分比"两个参数作为符合条件的评价参数进行保留。两个评价参数箱体图见图 5-7。

4) BIBI 的计算

采用比值法来统一核心参数的量纲。"总分类单元数"是对于外界压力响应减少/下降的参数,而"摇蚊类个体数百分比"和"优势类群个体数百分比"是对于外界压力响应增加/上升的参数。根据《河湖健康评价指南》,对于外界压力响应下降或减少的参数,应以所有样点由高到低排序的 5% 的分位数作为最佳期望值,该类参数的分值等于参数实际值除以最佳期望值;对于外界压力响应增加或上升的参数,应以 95% 的分位值为最佳期望值,该类参数的分值等于(最大值-实际值)/(最大值-最佳期望值)。

将各评价参数的分值算术平均,得到 BIBI 指数值。以参照点样点 BIBI 值由高到低排序,选取 25% 分位数作为最佳期望值,BIBIE 指数赋分 100。

根据上述规则,本书以大型底栖无脊椎动物作为核心指标综合计算,那么首先计算这一核心指标的生物完整性指数的最佳期望值(BIBIE),即以参考点样点 BIBI 值由高到低

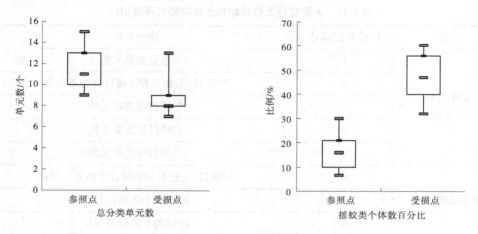

图 5-7　两个评价参数箱体图

排序的 25% 分位数计为 100,再根据赋分法计算该指标生物完整性的赋分值(BIBIS),结果如表 5-12 所示。

表 5-12　大型底栖无脊椎动物生物完整性评价指标赋分

点位名称	点位性质	总分类 单元数	摇蚊类个 体数百分比	指标值 BIBIO
刘家庄	参照点	1.000 0	1.000 0	1.000 0
索堡	受损点	0.928 6	0.000 0	0.464 3
赤岸	受损点	0.500 0	0.248 6	0.374 3
连泉	参照点	0.642 9	0.570 4	0.606 6
匡门口	参照点	0.928 6	0.950 0	0.939 3
合漳	受损点	0.642 9	0.525 2	0.584 0

5.2.3.2　鱼类保有指数调查

1.调查要求

现状评价鱼类种类与历史参照点鱼类种类的差异情况,对于无法获得历史监测鱼种监测数据的评价区域,可采用专家咨询的方法确定。调查鱼类种类不包括外来鱼种。

2.调查方法

2022 年 5—7 月,先后在赤岸、匡门口和合漳等 3 个点位开展鱼类样品采集和现场调查。现场采集以地笼诱捕、抄网采捕为主,同时结合现场调查走访河道管理人员、垂钓爱好者或沿河百姓,调查清漳河的鱼类种类及分布状况。样品采集之后,对易于辨认和鉴定的种类直接进行现场初步鉴定,并将初步鉴定的种类和剩余物种用 10% 的甲醛溶液固定保存,带回实验室进行鉴定,见图 5-8。

3.调查结果

通过样品采集和现场走访,调查获得清漳河水系现存鱼类共 24 种,隶属于 6 目 8 科,其中 2 种为外来引入养殖种类,分别为虹鳟 *Oncorhynchus mykiss*、西伯利亚鲟 *Acipenser*

图 5-8　清漳河鱼类保有指数调查

baeri。

根据《中国淡水鱼类图谱》、《河北动物志（鱼类）》、《漳河鱼类物种多样性现状分析》（崔文彦等著）、《漳河山西段鱼类和大型底栖动物群落结构特征》（李超等著）等文献资料查询,清漳河在 1980 年前的鱼类种类为 22 种。

清漳河鱼类保有指数为 $21/22 \times 100\% = 95.45\%$。

5.2.4　社会服务功能可持续性调查

依据《技术大纲》,涉县清漳河社会服务功能完整性准则层的指标取岸线利用管理指数和公众满意度指标进行评价。

5.2.4.1　岸线利用管理指数调查

1. 调查要求

按照《技术大纲》,实地查勘河流岸线保护的完好程度。

2. 调查方式

本次调查针对清漳河各河段进行了岸线利用管理指数调查,利用无人机、测距仪等工具进行现场测量查勘,并翻阅相关水利部门的历史岸线保护资料,针对已利用生产岸线长度占河岸线总长度的百分比和已利用生产岸线经保护恢复到原状的长度占已利用生产岸线总长度的百分比进行统计。

3. 调查结果

清漳河各河段进行了岸线利用管理指数调查,目前没有用于开发利用的河段。

5.2.4.2　公众满意度调查

1. 调查要求

《技术大纲》要求,公众满意度采用现场问卷调查方式获取,评价年总调查人数不宜少于 100 人。

2. 调查方法

2022 年 7 月初,通过对涉县清漳河沿河乡(镇)发放调查问卷,调查不同人群对于评价河流各种功能的满意程度。调查内容主要包括受访者信息、公众对河湖满意度两个方面,其中公众对河湖满意度包含水量状况、水质状况、河岸带状况、鱼类状况、景观状况 5 个方面。本次公众满意度调查工作,走访了涉县的水利部门,于河长制办公室进行了涉县清漳河健康评价工作交流,广泛征集了公众意见。

本次发放了 150 份河湖健康调查问卷,发放的主要对象是涉县清漳河沿岸居民,回收了 112 份,达到了《技术大纲》100 份的数量要求,如图 5-9 所示。

(a)　　　　　　　　　　　　　　　　(b)

图 5-9　清漳河公众满意度调查

3. 调查结果

本次公众参与调查,统计分析了公众满意度问卷情况,公众满意度得分全部达到 90 分以上。公众不满意的主要原因集中在水质一般、水量较少、沿岸有零星的垃圾等现象,对涉县清漳河健康修复的希望是水量有保证、不出现断流情况、水质清澈、水面水藻减少等,如表 5-13 所示。

表 5-13　公众满意度调查统计情况

河段	调查乡(镇)	[95,100]	[80,95)	[60,80)	[30,60)	[0,30)	数量	合计	得分
河段 1	辽城	14	1	0	0	0	15	1 480	98.7
河段 2	索堡、鹿头	18	13	0	0	0	31	2 840	91.6
河段 3	涉城、固新	28	8	0	0	0	36	3 440	95.5
河段 4	西达	15	0	0	0	0	15	1 500	100
河段 5	合漳	15	0	0	0	0	15	1 500	100

第 6 章 滏阳河健康评价分析

6.1 "盆"完整性准则层评价

在 3.2.1 滏阳河"盆"完整性岸线自然指数和违规开发利用水域岸线程度 2 个指标的调查结果基础上,按照《技术大纲》评价标准与方法,开展滏阳河"盆"的完整性健康赋分评价。

6.1.1 岸线自然指数

基于 3.2.1.1 不同评价河段河岸稳定性和岸线植被覆盖度两个方面的调查情况,依据《技术大纲》分别得出不同河段的河岸稳定性和岸线植被覆盖度的评分,进而得出不同河段及滏阳河的岸线自然指数调查的评分。

6.1.1.1 河岸稳定性

河岸稳定性包括岸坡高度、岸坡倾角、岸坡植被覆盖度、岸坡基质以及河岸冲刷状况等各要素,依据《技术大纲》的评分标准,分别对滏阳河各评价河段赋分,其中,峰峰矿区和曲周将本县(区)不同河段河长权重平均,计算得出县(区)河段河岸稳定性赋分。滏阳河各县(区)评价河段河岸稳定性评价赋分如表 6-1 所示。其中,邯山区、峰峰矿区、永年区河段较为稳定,分值均达 74 分以上,曲周县段分值最低,为 57.68 分,其他区域河段较为稳定。

6.1.1.2 岸线植被覆盖度

依据《技术大纲》,关于岸线植被覆盖度的评分标准,基于 3.2.1 调查结果,开展滏阳河 9 个评价河段的岸线植被覆盖度评价,赋分结果如表 6-2 所示。从表 6-2 可以看出,滏阳河段流经磁县、冀南新区、经济技术开发区、永年区岸线植被覆盖度赋分为 100 分;峰峰矿区、丛台区河段分值较低,赋分为 75 分;邯山区、曲周县、鸡泽县河段赋分仅为 50 分。滏阳河岸线植被覆盖度赋分情况见图 6-1。

6.1.1.3 岸线自然指数赋分

基于上述各区域河段的赋分结果,将河岸稳定性与岸线植被覆盖度赋分结果按照权重占比为 40%、60%加权计算得到滏阳河各区域岸线自然指数赋分结果。其中,滏阳河流经区域峰峰矿区和曲周县仍按照河长进行权重平均得到岸线自然指数分别为 82.14 分和 53.07 分。从表 6-3 中可以看出,磁县、冀南新区、经济技术开发区、永年区、曲周县、鸡泽县河段岸线自然指数分值均达到 80 分以上,而邯山区河段赋分最低,为 60.18 分。

表6-1 滏阳河各县(区)评价河段河岸稳定性评价赋分

县(区)名称	位置	岸坡特征	评价指标					河岸稳定性指标赋分	
			岸坡高度	岸坡倾角	岸坡植被覆盖度	岸坡基质	河岸冲刷状况		
峰峰矿区	黑龙洞	左岸	26.11	48.43	91	100	100	73.11	73.76
		右岸	28.72	47.32	96			74.41	
	南留旺	左岸	0	8.05	100	100	100	61.61	61.61
		右岸	0	8.05	100			61.61	
磁县	尹家桥	左岸	5	100	95	25	100	65	64.85
		右岸	8.75	91.7	98			64.69	
冀南新区	高贝镇	左岸	50	88.3	100	25	75	67.66	65.66
		右岸	35	83.3	100			63.66	
邯山区	张庄桥	左岸	95	100	53	25	100	74.6	75.45
		右岸	97.5	100	59			76.3	
丛台区	苏里闸	左岸	60	90	94	25	100	73.8	73.1
		右岸	55	90	92			72.4	
经济技术开发区	—	左岸	80	90	96	25	100	78.2	76.3
		右岸	60	90	97			74.4	
永年区	莲花口	左岸	75	91.7	100	25	75	73.34	74.42
		右岸	82.5	95	100			75.5	
曲周县	塔寺桥	左岸	15	88.3	100	25	100	65.66	65.04
		右岸	18.75	78.3	100			64.41	
	马疃	左岸	3.75	68.3	100	0	75	49.41	50.33
		右岸	6.25	75	100			51.25	
鸡泽县	东于口	左岸	12.5	83.3	100	25	75	59.16	59.16
		右岸	17.5	78.3	100			59.16	

表 6-2　滏阳河岸线植被覆盖度赋分情况

序号	县（区）	各段岸线植被覆盖度/%	赋分
1	峰峰矿区	57.00	75
2	磁县	77.00	100
3	冀南新区	80.50	100
4	邯山区	34.00	50
5	丛台区	67.50	75
6	经济技术开发区	82.00	100
7	永年区	90.50	100
8	曲周县	94.18	100
9	鸡泽县	92.69	100

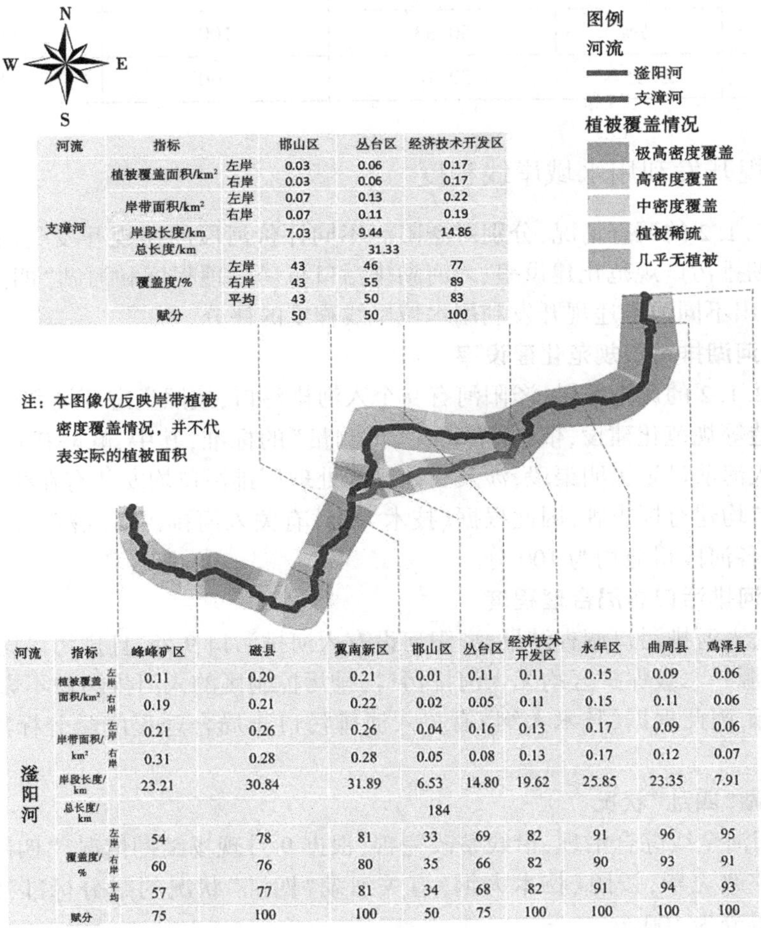

河流	指标		邯山区	丛台区	经济技术开发区
支漳河	植被覆盖面积/km²	左岸	0.03	0.06	0.17
		右岸	0.03	0.06	0.17
	岸带面积/km²	左岸	0.07	0.13	0.22
		右岸	0.07	0.11	0.19
	岸段长度/km		7.03	9.44	14.86
	总长度/km			31.33	
	覆盖度/%	左岸	43	46	77
		右岸	43	55	89
		平均	43	50	83
	赋分		50	50	100

图例
河流
　滏阳河
　支漳河
植被覆盖情况
　极高密度覆盖
　高密度覆盖
　中密度覆盖
　植被稀疏
　几乎无植被

注：本图像仅反映岸带植被密度覆盖情况，并不代表实际的植被面积

河流	指标		峰峰矿区	磁县	冀南新区	邯山区	丛台区	经济技术开发区	永年区	曲周县	鸡泽县
滏阳河	植被覆盖面积/km²	左岸	0.11	0.20	0.21	0.01	0.11	0.11	0.15	0.09	0.06
		右岸	0.19	0.21	0.22	0.02	0.05	0.11	0.15	0.11	0.06
	岸带面积/km²	左岸	0.21	0.26	0.26	0.04	0.16	0.13	0.17	0.09	0.06
		右岸	0.31	0.28	0.28	0.05	0.08	0.13	0.17	0.12	0.07
	岸段长度/km		23.21	30.84	31.89	6.53	14.80	19.62	25.85	23.35	7.91
	总长度/km						184				
	覆盖度/%	左岸	54	78	81	33	69	82	91	96	95
		右岸	60	76	80	35	66	82	90	93	91
		平均	57	77	81	34	68	82	91	94	93
	赋分		75	100	100	50	75	100	100	100	100

图 6-1　滏阳河岸线植被覆盖度赋分情况

表 6-3　滏阳河岸线自然指数赋分情况

县(区)名称	监测点	河岸稳定性 赋分(40%)	岸线植被覆盖度 赋分(60%)	岸线自然 指数赋分
峰峰矿区	黑龙洞	73.76	75	79.22
	南留旺	61.61	75	70.34
磁县	尹家桥	64.85	100	85.94
冀南新区	高臾	65.66	100	86.26
邯山区	河边村	75.45	50	60.18
丛台区	苏里	73.1	75	74.24
经济技术开发区	—	76.3	100	90.52
永年区	莲花口	74.42	100	89.77
曲周县	塔寺桥	65.04	100	86.01
	马疃	50.33	100	80.13
鸡泽县	东于口	59.16	100	83.66

6.1.2　违规开发利用水域岸线程度

依据 3.2.1.2 的调查情况,分别对滏阳河不同评价河段的违规开发利用水域岸线程度包括入河湖排污口规范化建设率、入河湖排污口布局合理程度和河湖"四乱"状况进行赋分,从而得出不同河段违规开发利用水域岸线程度的评分。

6.1.2.1　入河湖排污口规范化建设率

根据 3.2.1.2 的调查结果,滏阳河有 9 个入河排污口,按照生态环境部门有关要求进行了提标改造等规范化建设,依据"看得见、可测量"的标准,其中,峰峰矿区段 1 处潜没式排污口在入河前设置了明渠段,涉及 2 处污水处理厂排污口均安装有在线监测设施,其余 6 处排污口均建有标志牌,因此根据《技术大纲》有关入河排污口规范化建设率赋分标准,该项指标各河段得分均为 100 分。

6.1.2.2　入河排污口布局合理程度

根据本次入河排污口调查结果,滏阳河设有入河排污口 9 处,且排污口均在排污控制区,饮用水水源一二级保护区均无入河排污口,排污控制区的入河排污口不影响邻近水功能区水质达标,因此根据《技术大纲》有关入河排污口布局合理程度赋分标准,各河段赋分为 100 分。

6.1.2.3　河湖"四乱"状况

由于滏阳河全线综合治理,沿线整改完善,根据 9 月现场踏勘情况,"四乱"问题所涉县(区)均已整改完毕,按照《技术大纲》有关河湖"四乱"状况的赋分标准,滏阳河河湖"四乱"状况得分为 100 分。

6.1.2.4 违规开发利用水域岸线程度赋分

根据滏阳河健康评价指标设置权重进行计算,获得各个河段违规开发利用水域岸线程度赋分,结果如表 6-4 所示。

表 6-4 违规开发利用水域岸线程度赋分

监测指标			违规开发利用水域岸线程度赋分
入河排污口规范化建设率(20%)	入河排污口布局合理程度(20%)	河湖"四乱"状况(40%)	
赋分	赋分	赋分	
100	100	100	100

6.1.3 "盆"完整性准则层赋分计算

基于 6.1.1~6.1.2 的赋分结果,结合权重表,得出滏阳河"盆"完整性得分,赋分结果见表 6-5。根据赋分结果可以直观地看出,滏阳河经济技术开发区段得分最高,为 95.26 分,形态结构最完整;邯山区段得分较低,为 80.09 分,形态完整性还有待提高。

表 6-5 滏阳河"盆"完整性准则层赋分计算

县(区)名称	监测断面	评价指标		"盆"完整性准则层赋分
		岸线自然指数(50%)	违规开发利用水域岸线程度(50%)	
		赋分	赋分	
峰峰矿区	黑龙洞	79.22	100	89.61
峰峰矿区	南留旺	70.34	100	85.17
磁县	尹家桥	85.94	100	92.97
冀南新区	高臾镇	86.26	100	93.13
邯山区	河边村	60.18	100	80.09
丛台区	苏里闸	74.24	100	87.12
经济技术开发区	—	90.52	100	95.26
永年区	莲花口	89.77	100	94.89
曲周县	塔寺桥	86.01	100	93.01
曲周县	马疃	80.13	100	90.07
鸡泽县	东于口	83.66	100	91.83

6.2 "水"完整性准则层评价

基于 3.2.2 的调查结果,依据《技术大纲》赋分标准,对滏阳河"水"完整性准则层水量及水质两方面进行评价赋分。

6.2.1　水量

6.2.1.1　生态流量(水量)满足程度

由 3.2.2.2 及表 3-9 可知,下泄保证率 90% 条件下,莲花口站典型年(2009 年)10 月底前实测径流量为 37 319 万 m³,远超《滏阳河基本生态水量保障实施方案》中规定的"不低于 528 万 m³"的规定。因此,滏阳河当前水量完全能够满足生态流量要求,符合《滏阳河基本生态水量保障实施方案》中的相关要求,此项赋分为 100 分。

6.2.1.2　河流断流程度

经查阅海河子牙河流域 2012—2021 年水文资料,滏阳河源头由黑龙洞泉域延伸至峰峰金村,经黑龙洞泉水涌出,近年来,由邯郸市引漳入滏工程、南水北调中线工程补水,终年有水,无断流。因此,滏阳河此项指标得分为 100 分。

6.2.1.3　水量方面赋分计算

根据生态流量(水量)满足程度和河流断流程度评分,得出滏阳河各评价河段水量的最终赋分均为满分。赋分结果见表 6-6。

表 6-6　滏阳河水量方面赋分结果

县(区)名称	监测断面	评价指标		水量方面赋分
		生态流量(水量)满足程度(70%)	河流断流程度(30%)	
		赋分	赋分	
峰峰矿区	黑龙洞	100	100	100
	南留旺	100	100	100
磁县	尹家桥	100	100	100
冀南新区	高臾镇	100	100	100
邯山区	张庄桥	100	100	100
丛台区	苏里闸	100	100	100
经济技术开发区	—	100	100	100
永年区	莲花口	100	100	100
曲周县	塔寺桥	100	100	100
	马疃	100	100	100
鸡泽县	东于口	100	100	100

6.2.2　水质

6.2.2.1　水质优劣程度

根据滏阳河健康评价指标体系及水质优劣程度赋分标准,结合邯郸市水环境管理目标和现状水质状况对滏阳河水质优劣程度展开赋分评价,根据收集到的省级考核断面及市级考核断面监测数据可知,除永年区无监测断面外,其余断面省级考核断面及市级考核断面数据全面,故补充断面监测数据仅做参考对比,永年区水质优劣程度赋分根据省级考核断面及市级考核断面布设情况取经济技术开发区和曲周县的平均值。滏阳河水质优劣程度综合赋分见表6-7。

表 6-7 滏阳河水质优劣程度综合赋分

序号	监测点	所在县(区)	断面性质	目标水质	水质现状	赋分
1	九号泉	峰峰矿区	省级考核断面	Ⅱ	Ⅱ	90
2	东武仕出口	磁县	市级考核断面	Ⅲ	Ⅱ	90
3	南左良	冀南新区	市级考核断面	Ⅲ	Ⅲ	75
4	和平路桥	邯山区	市级考核断面	Ⅳ	Ⅲ	75
5	西鸭池	丛台区	市级考核断面	Ⅳ	Ⅲ	75
6	韩屯	经济技术开发区	市级考核断面	Ⅳ	Ⅳ	60
7	—	永年区		—	—	60
8	曲周	曲周县	国家级考核断面	Ⅲ	Ⅳ	60
9	郭桥	鸡泽县	省级考核断面	Ⅳ	Ⅳ	60

6.2.2.2 底泥污染指数

根据滏阳河健康评价指标体系及底泥污染指数赋分标准,选取 4 个断面进行铜、铅、锌、砷、镉、汞、铬、镍 8 项指标的底泥污染物浓度监测,由于其余断面受滏阳河综合治理施工扰动较大,故以监测的 4 个断面结果代表其余监测点底泥浓度状况,结合表 2-10 及表 3-15,底泥污染指数赋分见表6-8。

表 6-8 滏阳河底泥污染指数赋分

序号	县(区)名称	监测点	赋分
1	峰峰矿区	黑龙洞	100
		南留旺	
2	磁县	尹家桥	100
3	冀南新区	高臾	100
4	邯山区	河边村	100
5	丛台区	苏里	100
6	经济技术开发区	—	100
7	永年区	莲花口	100
8	曲周县	塔寺桥	100
9		马疃	100
10	鸡泽县	东于口	100

6.2.2.3 水体自净能力

根据《技术大纲》关于水体自净能力的赋分标准,选取溶解氧浓度进行赋分,根据监测结果(见表 3-16、表 3-17),滏阳河整体溶解氧含量达标,饱和度达到 90% 以上,苏里闸的溶解氧浓度最低,为 6.6 mg/L。滏阳河各评价河段水体自净能力赋分情况如表 6-9 所示。

表 6-9　滏阳河各评价河段水体自净能力赋分情况

序号	监测点	县(区)名称	监测数据/(mg/L)	赋分
1	黑龙洞	峰峰矿区	10.8	100
2	南留旺		9.1	100
3	尹家桥	磁县	8.5	100
4	高臾	冀南新区	8.0	100
5	河边村	邯山区	8.1	100
6	苏里闸	丛台区	6.6	84
7	—	经济技术开发区	6.6	84
8	莲花口	永年区	7.9	100
9	塔寺桥	曲周县	8.9	100
10	马瞳		7.8	100
11	东于口	鸡泽县	7.0	92

6.2.2.4 水质方面赋分计算

基于上述各区域河段的赋分结果,将水质优劣程度、底泥污染指数、水体自净能力赋分按照权重占比为 40%、20%、40% 加权计算得到滏阳河各区域水质方面赋分结果,如表 6-10 所示。其中,滏阳河流经区域峰峰矿区和曲周县的底泥污染指数以及水体自净能力也按照河长进行权重平均得分。从表 6-10 可知,滏阳河河段水质方面总体赋分较高;经济技术开发区河段赋分最低,仅为 77.6 分;其次为鸡泽县和丛台区,再次是永年区和曲周县。

6.2.3 "水"完整性准则层赋分计算

滏阳河"水"完整性准则层评价包括生态流量(水量)满足程度、流量过程变异程度、河流断流程度、水质优劣程度、底泥污染指数和水体自净能力 6 个指标。根据各指标的赋分结果和准则层内各指标的权重设置(见表 2-20、图 2-5),开展"水"完整性准则层评价,其中峰峰、曲周两个监测断面水量、水质结果根据河长权重计算得出(见表 6-6、表 6-10),所有县(区)赋分结果见表 6-11。

表 6-10　滏阳河水质方面赋分结果

县（区）名称	监测指标			水质方面赋分
	水质优劣程度（40%）	底泥污染指数（20%）	水体自净能力（40%）	
	赋分	赋分	赋分	
峰峰矿区	90	100	100	96
磁县	90	100	100	96
冀南新区	75	100	100	90
邯山区	75	100	100	90
丛台区	75	100	84	83.6
经济技术开发区	60	100	84	77.6
永年区	60	100	100	84
曲周县	60	100	100	84
鸡泽县	60	100	92	80.8

表 6-11　滏阳河"水"完整性准则层赋分结果

县（区）名称	监测点	水量分值	水质分值	"水"完整性准则层赋分
峰峰矿区	黑龙洞	100	96	98.00
	南留旺			
磁县	尹家桥	100	96	98.00
冀南新区	高臾镇	100	90	95.00
邯山区	张庄桥	100	90	95.00
丛台区	苏里闸	100	83.6	91.80
经济技术开发区	—	100	77.6	88.80
永年区	莲花口	100	84	92.00
曲周县	塔寺桥	100	84	92.00
	马疃			
鸡泽县	东于口	100	80.8	90.40

6.3　生物完整性准则层评价

依据《技术大纲》,滏阳河生物完整性准则层评价包括大型底栖无脊椎动物生物完整性指数、鱼类保有指数 2 个指标,按照《技术大纲》评价标准与方法,开展滏阳河生物完整性健康评价。

6.3.1　大型底栖无脊椎动物生物完整性指数

通过对调查结果箱体图重叠程度分析,选出"总分类单元数"参数作为符合条件的评价参数并进行保留,评价参数箱体图见图 6-2。

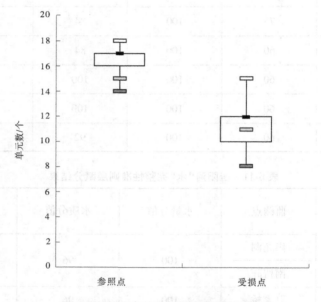

图 6-2　总分类单元数评价参数箱体图

采用比值法来统一核心参数的量纲。"总分类单元数"是对于外界压力响应减少/下降的参数。根据《河湖健康评价指南》,对于外界压力响应下降或减少的参数,应以所有样点由高到低排序的 5% 的分位数作为最佳期望值,该类参数的分值等于参数实际值除以最佳期望值。

将评价参数的分值算术平均,得到 BIBI 指数值。以参照点样点 BIBI 值由高到低排序,选取 25% 分位数作为最佳期望值,BIBIE 指数赋分 100。

根据上述规则,本书以大型底栖无脊椎动物作为核心指标综合计算,那么首先计算这一核心指标的生物完整性指数的最佳期望值(BIBIE),即以参照点样点 BIBI 值由高到低排序的 25% 分位数计为 100,再根据赋分方法计算该指标生物完整性的赋分值(BIBIS)。

6.3.2　鱼类保有指数

鱼类保有指数评价鱼类种数现状与历史参考点鱼类种类的差异状况,调查鱼类种类不包括外来鱼种。鱼类保有指数按公式计算,鱼类保有指数赋分应符合相关规定,赋分计算采用线性插值法。

表 6-12　大型底栖无脊椎动物生物完整性评价指标赋分

点位名称	点位性质	监测值 (BIBIO)	最佳期望值 (BIBIE)	指标赋分 (BIBIS)
黑龙洞	受损点	0.74	0.84	88.44
南留旺	参照点	0.86	0.84	100.00
尹家桥	参照点	1.03	0.84	100.00
高奂	受损点	0.46	0.84	54.42
张庄桥	参照点	0.80	0.84	95.24
苏里	参照点	0.86	0.84	100.00
莲花口	受损点	0.80	0.84	95.24
马疃	受损点	0.69	0.84	81.63
塔寺桥	受损点	0.46	0.84	54.42
东于口	受损点	0.46	0.84	54.42

根据调查,滏阳河水系现存鱼类共 42 种,隶属于 8 目 14 科,其中 3 种为外来引入养殖种类,分别为革胡子鲶 *Clarias gariepinus*、西伯利亚鲟 *Acipenser baeri* 和大银鱼 *Protosalanx hyalocranius*。根据《中国淡水鱼类图谱》《河北动物志(鱼类)》《白洋淀衡水湖鱼类多样性区系比较研究》等文献资料,滏阳河 1980 年前的鱼类种类为 49 种。滏阳河鱼类保有指数为

$$FPEI = \frac{FO}{FE} \times 100\% \qquad (6\text{-}1)$$

代入数据得 $FPEI = \frac{39}{49} \times 100\% = 79.59\%$。

由表 2-13 采用线性插值法后得分为 67.34 分。

6.3.3　生物完整性准则层赋分计算

滏阳河生物完整性准则层评价包括大型底栖无脊椎动物生物完整性指数、鱼类保有指数和水生植物群落指数 3 个指标。根据各指标赋分结果和准则层内各个权重设置,开展生物完整性准则层评价,赋分结果见表 6-13。

表 6-13　滏阳河生物完整性准则层赋分结果

县(区)名称	监测断面	评价指标		生物完整性准则层赋分
		大型底栖无脊椎动物生物完整性指数(50%)	鱼类保有指数(50%)	
		赋分	赋分	
峰峰矿区	黑龙洞	88.44	67.34	77.89
	南留旺	100	67.34	83.67
磁县	尹家桥	100	67.34	83.67
冀南新区	高臾镇	54.42	67.34	60.88
邯山区	张庄桥	95.24	67.34	81.29
丛台区	苏里闸	100	67.34	83.67
经济技术开发区	—	100	67.34	83.67
永年区	莲花口	95.24	67.34	81.29
曲周县	塔寺桥	54.42	67.34	60.88
曲周县	马疃	81.63	67.34	74.49
鸡泽县	东于口	54.42	67.34	60.88

6.4　社会服务功能可持续性准则层评价

依据《技术大纲》,滏阳河社会服务功能可持续性准则层包括防洪达标率、供水水量保证程度、岸线利用管理指数和公众满意度 4 个指标。按照《技术大纲》评价标准与方法,开展滏阳河社会服务功能可持续性健康评价。

6.4.1　防洪达标率

由 3.2.4 调查结果可知,滏阳河流经县(区)批设堤防的只有磁县、冀南新区、邯山区、丛台区、永年区、曲周县、鸡泽县,结合 2.1.2.4 社会服务功能完整性的计算公式及 3.2.4.4 中得出的调查结果可得防洪达标率赋分结果,赋分结果见表 6-14。

6.4.2　供水水量保证程度

由 2.1.2.4 中公式及 3.2.4.2 可知,东武仕水库仅 2020 年为破坏年,从而计算出实际供水保证率为 90%,以东武仕水库的设计供水保证率 $P = 95\%$ 为底数,据公式进行计算得出滏阳河供水水量保证程度为 94.7%。由 2.1.2.4 可知,滏阳河供水水量保证程度赋分为 98.5 分。

表 6-14　滏阳河防洪达标率赋分结果

序号	县(区)名称	RDAI/%	FDRI/%	赋分
1	峰峰矿区	100	100	100
2	磁县	100	100	100
3	冀南新区	100	100	100
4	邯山区	100	100	100
5	丛台区	100	100	100
6	经济技术开发区	100	100	100
7	永年区	100	100	100
8	曲周县	100	100	100
9	鸡泽县	100	100	100

6.4.3　岸线利用管理指数

由表 3-23 并结合遥感卫星图及现场踏勘情况可知,滏阳河南留旺段已开发利用岸线右岸长度为 0.28 km,故滏阳河峰峰矿区段岸线利用管理指数 $R_u=0.998$,由 2.1.2.4 可知,滏阳河峰峰矿区段岸线利用管理指数赋分值为 99.8 分,其余河段为 100 分。

6.4.4　公众满意度

本次公众参与调查,统计分析了公众满意度问卷情况,民众对滏阳河健康状况不满意的主要原因集中在水质一般以及部分地区废水乱排,对滏阳河健康修复的希望是水量有保证、水质清澈和环境优美。

根据问卷调查定性数量百分比设置了权重,根据线上、线下问卷分析结果得出滏阳河公众满意度赋分结果,见表 6-15。

表 6-15　公众满意度赋分结果

分数	0~60	60~75	75~90	90~100	最终评分
权重	0.74	7.75	20.85	70.66	92.2
赋分	30	60	80	100	

6.4.5　社会服务功能可持续性准则层赋分计算

滏阳河社会服务功能准则层评价包括防洪达标率、供水水量保证程度、岸线利用管理指数和公众满意度 4 个指标。根据各指标赋分结果和准则层内各个权重设置,开展社会服务功能准则层评价,赋分结果见表 6-16。

表 6-16　滏阳河社会服务功能准则层赋分结果

县(区)名称	监测点	监测指标				社会服务功能准则层赋分
		防洪达标率(20%)	供水水量保证程度(20%)	岸线利用管理指数(20%)	公众满意度(40%)	
		赋分	赋分	赋分	赋分	
峰峰矿区	黑龙洞	100	98.5	100	92.2	96.58
	南留旺	100	98.5	99.8	92.2	96.54
磁县	尹家桥	100	98.5	100	92.2	96.58
冀南新区	高臾镇	100	98.5	100	92.2	96.58
邯山区	张庄桥	100	98.5	100	92.2	96.58
丛台区		100	98.5	100	92.2	96.58
经济技术开发区	苏里闸	100	98.5	100	92.2	96.58
永年区	莲花口	100	98.5	100	92.2	96.58
曲周县	塔寺桥	100	98.5	100	92.2	96.58
	马疃	100	98.5	100	92.2	96.58
鸡泽县	东于口	100	98.5	100	92.2	96.58

6.5　河流健康总体评价结果

6.5.1　评价河段健康状况评价结果

根据《技术大纲》确定的河湖健康评价方法,滏阳河健康评价采用分级指标评分法,逐级加权,综合评分,获得评价河流健康指数,依据 2.2.2.1 中式(2-14),对各评价河段健康状况进行综合赋分,赋分结果见表 6-17～表 6-25。

表 6-17　峰峰矿区段健康状况综合赋分结果

目标层	准则层	准则层权重	指标层	指标层占准则层权重/%	赋分（指标层）	赋分（准则层）	健康状况综合赋分
"水"	"盆"	20%	岸线自然指数	50	74.78	87.39	92
			违规开发利用水域岸线程度	50	100		
	水量（50%）	30%	生态流量（水量）满足程度	70	100	98	
			河流断流程度	30	100		
	水质（50%）		水质优劣程度	40	90		
			底泥污染指数	20	100		
			水体自净能力	40	100		
	生物	20%	大型底栖无脊椎动物生物完整性指数	50	94.22	80.78	
			鱼类保有指数	50	67.34		
	社会服务功能	30%	防洪达标率	20	100	96.56	
			供水水量保证程度	20	98.5		
			岸线利用管理指数	20	99.9		
			公众满意度	40	92.2		

表 6-18　磁县段健康状况综合赋分结果

目标层	准则层	准则层权重		指标层	准则层占指标层权重/%	指标层	准则层	健康状况综合赋分
"水"	"盆"	20%		岸线自然指数	50	85.94	92.97	93.7
				违规开发利用水域岸线程度	50	100		
	水量（50%）	30%		生态流量（水量）满足程度	70	100	98	
				河流断流程度	30	100		
	水质（50%）			水质优劣程度	40	90		
				底泥污染指数	20	100		
				水体自净能力	40	100		
	生物	20%		大型底栖无脊椎动物生物完整性指数	50	100	83.67	
				鱼类保有指数	50	67.34		
	社会服务功能	30%		防洪达标率	20	100	96.58	
				供水水量保证程度	20	98.5		
				岸线利用管理指数	20	100		
				公众满意度	40	92.2		

表 6-19 冀南新区段健康状况综合赋分结果

目标层	准则层	准则层权重	指标层	指标层占准则层权重/%	赋分（指标层）	赋分（准则层）	健康状况综合赋分
"水"	"盆"	20%	岸线自然指数	50	86.26	93.13	88.28
			违规开发利用水域岸线程度	50	100		
	水量(50%)	30%	生态流量（水量）满足程度	70	100	95	
			河流断流程度	30	100		
	水质(50%)		水质优劣程度	40	75		
			底泥污染指数	20	100		
			水体自净能力	40	100		
	生物	20%	大型底栖无脊椎动物生物完整性指数	50	54.42	60.88	
			鱼类保有指数	50	67.34		
	社会服务功能	30%	防洪达标率	20	100	96.58	
			供水水量保证程度	20	98.5		
			岸线利用管理指数	20	100		
			公众满意度	40	92.2		

表 6-20 邯山区段健康状况综合赋分结果

目标层	准则层	准则层权重	指标层	指标层占准则层权重/%	赋分 指标层	赋分 准则层	健康状况综合赋分
"水"	"盆"	20%	岸线自然指数	50	60.81	80.09	89.75
			违规开发利用水域岸线程度	50	100		
	水量（50%）	30%	生态流量（水量）满足程度	70	100	95	
			河流断流程度	30	100		
	水质（50%）		水质优劣程度	40	75		
			底泥污染指数	20	100		
			水体自净能力	40	100		
	生物	20%	大型底栖无脊椎动物生物完整性指数	50	95.24	81.29	
			鱼类保有指数	50	67.34		
	社会服务功能	30%	防洪达标率	20	100	96.58	
			供水水量保证程度	20	98.5		
			岸线利用管理指数	20	100		
			公众满意度	40	92.2		

表 6-21　丛台区段健康状况综合赋分结果

目标层	准则层	准则层权重	指标层	指标层占准则层权重/%	赋分 指标层	赋分 准则层	健康状况综合赋分
	"盆"	20%	岸线自然指数	50	74.24	87.12	90.67
			违规开发利用水域岸线程度	50	100		
"水"	水量（50%）	30%	生态流量（水量）满足程度	70	100	91.8	
			河流断流程度	30	100		
	水质（50%）		水质优劣程度	40	75		
			底泥污染指数	20	100		
			水体自净能力	40	84		
	生物	20%	大型底栖无脊椎动物生物完整性指数	50	100	83.67	
			鱼类保有指数	50	67.34		
	社会服务功能	30%	防洪达标率	20	100	96.58	
			供水水量保证程度	20	98.5		
			岸线利用管理指数	20	100		
			公众满意度	40	92.2		

表 6-22　经济技术开发区段健康状况综合赋分结果

目标层	准则层	准则层权重	指标层	指标层占准则层权重/%	赋分 指标层	赋分 准则层	健康状况综合赋分
"水"	"盆"	20%	岸线自然指数	50	90.52	95.26	91.4
			违规开发利用水域岸线程度	50	100		
	水量(50%)	30%	生态流量(水量)满足程度	70	100		
			河流断流程度	30	100		
	水质(50%)		水质优劣程度	40	60	88.8	
			底泥污染指数	20	100		
			水体自净能力	40	84		
	生物	20%	大型底栖无脊椎动物生物完整性指数	50	100	83.67	
			鱼类保有指数	50	67.34		
	社会服务功能	30%	防洪达标率	20	100	96.58	
			供水水量保证程度	20	98.5		
			岸线利用管理指数	20	100		
			公众满意度	40	92.2		

表 6-23　永年区段健康状况综合赋分结果

目标层	准则层	准则层权重	指标层	准则层占指标层权重/%	赋分 指标层	赋分 准则层	健康状况综合赋分
	"盆"	20%	岸线自然指数	50	89.77	94.88	91.81
			违规开发利用水域岸线程度	50	100		
	"水"	水量（50%） 30%	生态流量（水量）满足程度	70	100	92	
			河流断流程度	30	100		
		水质（50%）	水质优劣程度	40	60		
			底泥污染指数	20	100		
			水体自净能力	40	100		
	生物	20%	大型底栖无脊椎动物生物完整性指数	50	95.24	81.29	
			鱼类保有指数	50	67.34		
	社会服务功能	30%	防洪达标率	20	100	96.58	
			供水水量保证程度	20	98.5		
			岸线利用管理指数	20	100		
			公众满意度	40	92.2		

表 6-24 曲周县段健康状况综合赋分结果

目标层	准则层	准则层权重	指标层	指标层权重/%	赋分(指标层)	赋分(准则层)	健康状况综合赋分
"水"	"盆"	20%	岸线自然指数	50	83.07	91.54	88.42
			违规开发利用水域岸线程度	50	100		
	水量(50%)	30%	生态流量(水量)满足程度	70	100	92	
			河流断流程度	30	100		
	水质(50%)		水质优劣程度	40	60		
			底泥污染指数	20	100		
			水体自净能力	40	100		
	生物	20%	大型底栖无脊椎动物生物完整性指数	50	68.02	67.68	
			鱼类保有指数	50	67.34		
	社会服务功能	30%	防洪达标率	20	100	96.58	
			供水水量保证程度	20	98.5		
			岸线利用管理指数	20	100		
			公众满意度	40	92.2		

表 6-25　鸡泽县段健康状况综合赋分结果

目标层	准则层	准则层权重	指标层	指标层权重/%	赋分 指标层	赋分 准则层	健康状况综合赋分
	"盆"	20%	岸线自然指数	50	83.66	91.83	86.64
			违规开发利用水域岸线程度	50	100		
"水"	水量（50%）	30%	生态流量（水量）满足程度	70	100	90.4	
			河流断流程度	30	100		
	水质（50%）		水质优劣程度	40	60		
			底泥污染指数	20	100		
			水体自净能力	40	92		
	生物	20%	大型底栖无脊椎动物生物完整性指数	50	54.42	60.88	
			鱼类保有指数	50	67.34		
	社会服务功能	30%	防洪达标率	20	100	96.58	
			供水水量保证程度	20	98.5		
			岸线利用管理指数	20	100		
			公众满意度	40	92.2		

6.5.2　整体健康状况评价结果

　　根据 2.2.2.2,按照各个河段长度占邯郸市境内滏阳河总长度的比例作为加权系数,依据各个河段健康分值加权获得滏阳河整体河流健康的得分为 90.68 分,处于"非常健康"的状态,评价分类为一类,赋分见表 6-26。

表 6-26　滏阳河整体健康状况评价赋分

序号	评价县(区)	河段长度/km	评价河段长度占评价河流、总长度的比例/%	评价河段健康赋分	健康赋分
1	峰峰矿区	28.25	14	92.00	
2	磁县	21.88	11	93.70	
3	冀南新区	16.0	8	88.28	
4	邯山区	14.5	7	89.75	
5	丛台区	21.8	11	90.67	90.68
6	经济技术开发区	33.0	16	91.40	
7	永年区	31.0	15	91.81	
8	曲周县	27.0	13	88.42	
9	鸡泽县	12.0	6	86.64	

第 7 章　支漳河健康评价分析

7.1　"盆"完整性准则层评价

在 4.2.1 支漳河"盆"完整性岸线自然指数和违规开发利用水域岸线程度 2 个指标的调查结果基础上,按照《技术大纲》评价标准与方法,开展支漳河两条河流"盆"的完整性健康赋分评价。

7.1.1　岸线自然指数

基于 4.2.1.1 不同评价河段河岸稳定性和岸线植被覆盖度两个方面的调查情况,依据《技术大纲》分别得出不同河段的河岸稳定性和岸线植被覆盖度的评分,进而得出不同河段及支漳河的岸线自然指数调查的评分。

7.1.1.1　河岸稳定性

河岸稳定性包括岸坡高度、岸坡倾角、岸坡植被覆盖度、岸坡基质以及河岸冲刷状况等各要素,依据《技术大纲》的评分标准,分别对支漳河 3 个评价河段的上述要素逐一赋分,并得出本书选取的 10 个评价河段的河岸稳定性评价结果,如表 7-1 所示。从表 7-1 可以看出,支漳河邯山区、丛台区、经济技术开发区河段稳定性均较低,赋分分别为 57.85 分、67.50 分、73.90 分。

7.1.1.2　岸线植被覆盖度

依据《技术大纲》关于岸线植被覆盖度的评分标准,基于 4.2.1 调查结果,开展支漳河 3 个评价河段的岸线植被覆盖度评价,赋分结果如表 7-2 所示。从表 7-2 可以看出,支漳河河段流经邯山区、丛台区、经济技术开发区时岸线植被覆盖度赋分分别为 50 分、75 分、100 分。支漳河岸线植被覆盖度赋分情况见图 7-1。

7.1.1.3　岸线自然指数赋分

基于上述各区域河段的赋分结果,将河岸稳定性与岸线植被覆盖度赋分结果按照权重占比为 40%、60%加权计算得到支漳河各区域岸线自然指数赋分结果,如表 7-3 所示。从表 7-3 可以看出,对于支漳河段,滏西桥段最低,仅 53.14 分。

7.1.2　违规开发利用水域岸线程度

依据 4.2.1.2 的调查情况,主要对河湖"四乱"状况进行赋分,从而得出不同河段违规开发利用水域岸线程度的评分。

根据 9 月现场踏勘情况,"四乱"问题所涉县(区)均已整改完毕,按照《技术大纲》有关河湖"四乱"状况的赋分标准,支漳河河湖"四乱"状况得分均为 100。

表 7-1　支漳河河岸稳定性评价赋分结果

县（区）名称	位置	岸坡特征	指标赋分					河岸稳定性	
			岸坡高度	岸坡倾角	岸坡植被覆盖度	岸坡基质	河岸冲刷状况	指标赋分	
邯山区	滏西桥	左岸	2.5	100	57	25	100	56.9	57.85
		右岸	0	100	69			58.8	
丛台区	人民桥	左岸	25	100	87	25	100	67.4	67.50
		右岸	25	100	88			67.6	
经济技术开发区	—	左岸	50	100	96	25	100	74.2	73.90
		右岸	50	100	93			73.6	

表 7-2　支漳河岸线植被覆盖度赋分结果

序号	县（区）名称	各段岸线植被覆盖度/%	赋分
1	邯山区	42.86	50
2	丛台区	50.35	75
3	经济技术开发区	83.37	100

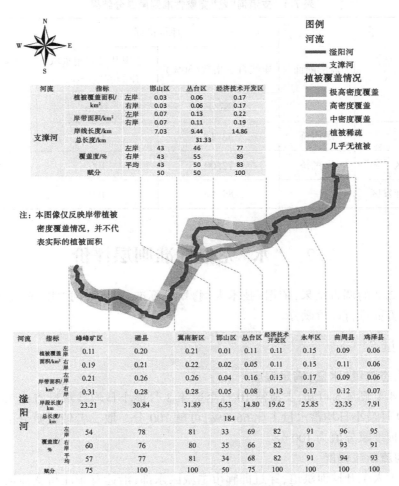

图 7-1　支漳河岸线植被覆盖度赋分情况

表 7-3　支漳河岸线自然指数赋分结果

县（区）名称	监测点	河岸稳定性 赋分（40%）	岸线植被覆盖度 赋分（60%）	岸线自然指数赋分
邯山区	滏西桥	57.85	50	53.14
丛台区	人民桥	67.5	75	72.00
经济技术开发区	—	73.9	100	89.56

7.1.3 "盆"完整性准则层赋分计算

基于赋分结果,结合权重表,得出支漳河"盆"完整性得分,赋分结果见表 7-4。根据赋分结果可以直观地看出,支漳河的形态完整性评分整体低,特别是邯山区滏西桥段岸坡的植被覆盖度评分不高等原因影响了整个河段的完整性评分,赋分结果见表 7-4。

表 7-4　支漳河"盆"完整性准则层赋分结果

县(区)名称	监测断面	评价指标		"盆"完整性准则层赋分
		岸线自然指数(50%)	违规开发利用水域岸线程度(50%)	
		赋分	赋分	
邯山区	滏西桥	53.14	100	76.57
丛台区	人民桥	72.00	100	86.00
经济技术开发区	—	89.56	100	94.78

7.2　"水"完整性准则层评价

基于 4.2.2 的调查结果,依据《技术大纲》赋分标准,对支漳河"水"完整性准则层水量及水质两方面进行评价赋分。

7.2.1　水量

7.2.1.1　生态流量(水量)满足程度

根据图 4-4、图 4-5 可知,支漳河 10 月至翌年 3 月最小日均蓄水量占比 73.6%,可赋 100 分,4—9 月最小日均蓄水量占比 66.8%,可赋 100 分。取二者较低赋分值,支漳河生态流量满足程度赋分值为 100 分。

7.2.1.2　河流断流程度

支漳河为人工开挖泄洪道,穿过邯郸市主城区东部,沿途有张庄桥支漳河分洪闸、北堡闸、王安堡闸等闸门。为满足生态环境要求,支漳河常年蓄水,维持一定水位,没有断流现象。因此,支漳河此项指标得分为 100 分。

7.2.1.3　水量方面赋分计算

根据生态流量(水量)满足程度和河流断流程度评分,得出支漳河各评价河段水量的最终赋分均为满分。赋分结果见表 7-5。

表 7-5　支漳河水量方面赋分结果

县(区)名称	监测断面	评价指标		水量方面赋分
		生态流量(水量)满足程度(70%)	河流断流程度(30%)	
		赋分	赋分	
邯山区	滏西桥	100	100	100
丛台区	人民桥	100	100	100
经济技术开发区		100	100	100

7.2.2　水质

7.2.2.1　水质优劣程度

　　根据支漳河健康评价指标体系及水质优劣程度赋分标准,结合邯郸市水环境管理目标和现状水质状况,以及项目组开展的补充断面监测数据,得出支漳河水质优劣程度指标分值情况,如表 7-6 所示,由于省级考核断面及市级考核断面监测数据较为全面完整,故权重为 60%,补充监测断面权重为 40%,支漳河水质优劣程度综合赋分见表 7-7。

表 7-6　支漳河水质补充监测赋分

序号	监测点	所在县(区)	目标水质	现状水质	赋分
1	滏西桥	邯山区	Ⅳ	Ⅲ	82.2
2	人民桥	丛台区	Ⅳ	Ⅲ	85.5

表 7-7　支漳河水质优劣程度综合赋分

监测点	县(区)名称	综合赋分
滏西桥	邯山区	82.2
人民桥	丛台区	85.5
	经济技术开发区	60.0

7.2.2.2　底泥污染指数

　　根据支漳河健康评价指标体系及底泥污染指数赋分标准,选取 2 个断面进行铜、铅、锌、砷、镉、汞、铬、镍 8 项指标的底泥污染物浓度监测,见表 7-8。

表 7-8　支漳河底泥污染指数赋分

序号	县(区)名称	监测点	赋分
1	邯山区	滏西桥	82.2
2	丛台区	人民桥	85.5
3	经济技术开发区		85.5

7.2.2.3　水体自净能力

根据《技术大纲》关于水体自净能力的赋分标准,选取溶解氧浓度进行赋分,根据监测结果,支漳河整体溶解氧含量达标,饱和度达到 90%以上。支漳河各评价河段水体自净能力赋分结果如表 7-9 所示。

表 7-9　支漳河各评价河段水体自净能力赋分结果

序号	监测点	县(区)名称	监测数据/(mg/L)	赋分
1	滏西桥	邯山区	8.8	100
2	人民桥	丛台区	9.9	100
3		经济技术开发区	9.9	100

7.2.2.4　水质方面赋分计算

基于上述各区域河段的赋分结果,将水质优劣程度、底泥污染指数、水体自净能力赋分按照权重为 40%、20%、40%加权计算得到支漳河各区域水质方面赋分结果,如表 7-10 所示。支漳河河段水质方面赋分均较高,邯山区河段、丛台区河段、经济技术开发区河段分别赋分 92.88 分、94.20 分、84.00 分。

表 7-10　支漳河各区域水质方面赋分结果

县(区)名称	监测断面	监测指标			水质方面赋分
		水质优劣程度(40%)	底泥污染指数(20%)	水体自净能力(40%)	
		赋分	赋分	赋分	
邯山区	滏西桥	82.2	100	100	92.88
丛台区	人民桥	85.5	100	100	94.20
经济技术开发区	—	60.00	100	100	84.00

7.2.3　"水"完整性准则层赋分计算

支漳河"水"完整性准则层评价包括生态流量(水量)满足程度、流量过程变异程度、河流断流程度、水质优劣程度、底泥污染指数和水体自净能力 6 个指标。根据各指标赋分结果和准则层内各个权重设置,开展"水"完整性准则层评价,赋分结果见表 7-11。

表 7-11　支漳河"水"完整性准则层赋分结果

县(区)名称	监测点	水量分值	水质分值	"水"完整性准则层赋分
邯山区	滏西桥	100	92.88	96.44
丛台区	人民桥	100	94.20	97.10
经济技术开发区	—	100	84.00	92.00

7.3　生物完整性准则层评价

依据《技术大纲》,支漳河生物完整性准则层评价包括大型底栖无脊椎动物生物完整性指数、鱼类保有指数 2 个指标,按照《技术大纲》评价标准与方法,开展支漳河生物完整性健康评价。

7.3.1　大型底栖无脊椎动物生物完整性指数

通过对调查结果箱体图重叠程度分析选出"总分类单元数"参数符合条件的评价参数进行保留,评价参数箱体图见图 7-2。

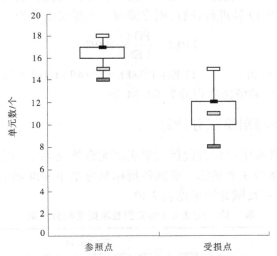

图 7-2　总分类单元数评价参数箱体图

采用比值法来统一核心参数的量纲。"总分类单元数"是对于外界压力响应减少/下降的参数。根据《河湖健康评价指南》,对于外界压力响应下降或减少的参数,应以所有样点由高到低排序的 5% 的分位数作为最佳期望值,该类参数的分值等于参数实际值除以最佳期望值。

将评价参数的分值算术平均,得到 BIBI 指数值。以参照点样点 BIBI 值由高到低排序,选取 25% 分位数作为最佳期望值,BIBIE 指数赋分 100。

根据上述规则,本书以大型底栖无脊椎动物作为核心指标综合计算,那么首先计算这一核心指标的生物完整性指数的最佳期望值(BIBIE),即以参照点样点 BIBI 值由高到低排序的 25% 分位数计为 100,再根据赋分法计算该指标生物完整性的赋分值(BIBIS),结果如表 7-12 所示。

表 7-12　大型底栖无脊椎动物生物完整性评价指标赋分结果

点位名称	点位性质	监测值(BIBIO)	最佳期望值(BIBIE)	指标赋分(BIBIS)
滏西桥	受损点	0.63	0.84	74.83
人民桥	受损点	0.69	0.84	81.63

7.3.2　鱼类保有指数

鱼类保有指数评价鱼类种数现状与历史参考点鱼类种类的差异状况,调查鱼类种类不包括外来鱼种。鱼类保有指数按公式计算,鱼类保有指数赋分应符合相关规定,赋分计算采用线性插值法。

根据调查,支漳河现存鱼类共 42 种,隶属于 8 目 14 科,其中 3 种为外来引入养殖种类,分别为革胡子鲶 *Clarias gariepinus*、西伯利亚鲟 *Acipenser baeri* 和大银鱼 *Protosalanx hyalocranius*。根据《中国淡水鱼类图谱》《河北动物志(鱼类)》《白洋淀衡水湖鱼类多样性区系比较研究》等文献资料,滏阳河流域 1980 年前的鱼类种类为 49 种。支漳河 1980 年前的鱼类种类亦采用 49 种进行计算,则支漳河鱼类保有指数为

$$FPEI = \frac{FO}{FE} \times 100\% \tag{7-1}$$

将数值代入式(7-1)得　　　　$FPEI = FO/FE = 39/49 \times 100\% = 79.59\%$

由表 3-13 采用线性插值法后得分为 67.34 分。

7.3.3　生物完整性准则层赋分计算

支漳河生物完整性准则层评价包括大型底栖无脊椎动物生物完整性指数、鱼类保有指数和水生植物群落指数 3 个指标。根据各指标赋分结果和准则层内各个权重设置,开展生物完整性准则层评价,赋分结果见表 7-13。

表 7-13　支漳河生物完整性准则层赋分结果

县(区)名称	监测断面	评价指标		生物完整性准则层赋分
		大型底栖无脊椎动物生物完整性指数(50%)	鱼类保有指数(50%)	
		赋分	赋分	
邯山区	滏西桥	74.83	67.34	71.09
丛台区	人民桥	81.63	67.34	74.49
经济技术开发区	—	81.63	67.34	74.49

7.4　社会服务功能可持续性准则层评价

依据《技术大纲》,支漳河社会服务功能可持续性准则层包括防洪达标率、岸线利用管理指数和公众满意度 3 个指标。按照《技术大纲》评价标准与方法,开展支漳河社会服务功能可持续性健康评价。

7.4.1　防洪达标率

由 4.2.4 调查结果可知,支漳河流经县(区)涉及邯山区和经济技术开发区,结合 2.1.2.4 公式及表 4-15 可得防洪达标率赋分结果,见表 7-14。

表 7-14　支漳河防洪达标率赋分结果

序号	所在县(区)	RDAI/%	FDRI/%	赋分
1	邯山区	100	100	100
2	丛台区	100	100	100
3	经济技术开发区	100	100	100

7.4.2　岸线利用管理指数

由遥感卫星图及现场踏勘情况可知,支漳河无生产岸线,支漳河岸线利用管理指数赋分为 100 分。

7.4.3　公众满意度

本次公众参与调查、统计分析了公众满意度问卷情况,民众对支漳河健康状况不满意的主要原因集中在水质一般以及部分地区废水乱排,对支漳河健康修复的希望是水量有保证、水质清澈和环境优美。

根据问卷调查定性数量百分比设置了权重,根据线上、线下问卷分析结果得出支漳河公众满意度赋分结果,见表 7-15。

表 7-15　公众满意度赋分结果

分数	0~60	60~75	75~90	90~100	最终评分
权重	0.74	7.75	20.85	70.66	92.2
赋分	30	60	80	100	

7.4.4　社会服务功能可持续性准则层赋分计算

　　支漳河社会服务功能准则层评价包括防洪达标率、岸线利用管理指数和公众满意度3个指标。根据各指标赋分结果和准则层内各个权重设置,开展社会服务功能准则层评价,结果见表7-16。

表7-16　支漳河社会服务功能准则层赋分结果

县(区)名称	监测点	监测指标			社会服务功能准则层赋分
		防洪达标率(40%)	岸线利用管理指数(30%)	公众满意度(30%)	
		赋分	赋分	赋分	
邯山区	滏西桥	100	100	92.2	97.66
丛台区	人民桥	100	100	92.2	97.66
经济技术开发区	—	100	100	92.2	97.66

7.5　河流健康总体评价结果

7.5.1　评价河段健康状况评价结果

　　根据《技术大纲》确定的河湖健康评价方法,支漳河健康评价采用分级指标评分法,逐级加权,综合评分,获得评价河流健康指数,对各评价河段健康状况进行综合赋分,结果见表7-17~表7-19。

7.5.2　整体健康状况评价结果

　　根据2.2.2.2,按照各个河段长度占邯郸市境内支漳河总长度的比例作为加权系数,依据各个河段健康分值加权获得支漳河整体河流健康的得分为89.79分,处于"健康"状态,评价分类为二类,整体健康状况评价结果见表7-20。

表 7-17　支漳河邯山区段健康状况综合赋分结果

目标层	准则层		准则层权重	指标层	指标层权重/%	赋分		健康状况综合赋分
						指标层	准则层	
"盆"			20%	岸线自然指数	50	53.14	76.57	87.76
				违规开发利用水域岸线程度	50	100		
"水"	水量（50%）		30%	生态流量（水量）满足程度	70	100	96.44	
				河流断流程度	30	100		
	水质（50%）			水质优劣程度	40	82.2		
				底泥污染指数	20	100		
				水体自净能力	40	100		
生物			20%	大型底栖无脊椎动物生物完整性指数	50	74.83	71.09	
				鱼类保有指数	50	67.34		
社会服务功能			30%	防洪达标率	40	100	97.66	
				岸线利用管理指数	30	100		
				公众满意度	30	92.2		

表 7-18　支漳河丛台区段健康状况综合赋分结果

目标层	准则层	准则层权重	指标层	指标层权重/%	赋分 指标层	赋分 准则层	健康状况综合赋分
"水"	"盆"	20%	岸线自然指数	50	72	86	90.53
			违规开发利用水域岸线程度	50	100		
	水量（50%）	30%	生态流量（水量）满足程度	70	100	97.1	
			河流断流程度	30	100		
	水质（50%）		水质优劣程度	40	85.5		
			底泥污染指数	20	100		
			水体自净能力	40	100		
	生物	20%	大型底栖无脊椎动物生物完整性指数	50	81.63	74.49	
			鱼类保有指数	50	67.34		
	社会服务功能	30%	防洪达标率	40	100	97.66	
			岸线利用管理指数	30	100		
			公众满意度	30	92.2		

表 7-19　支漳河经济技术开发区段健康状况综合赋分结果

目标层	准则层	准则层权重	指标层	指标层权重/%	赋分 指标层	赋分 准则层	健康状况综合赋分
	"盆"	20%	岸线自然指数	50	74.56	87.28	89.25
			违规开发利用水域岸线程度	50	100		
	"水"						
	水量（50%）	30%	生态流量（水量）满足程度	70	100	92	
			河流断流程度	30	100		
	水质（50%）		水质优劣程度	40	60		
			底泥污染指数	20	100		
			水体自净能力	40	100		
	生物	20%	大型底栖无脊椎动物生物完整性指数	50	81.63	74.49	
			鱼类保有指数	50	67.34		
	社会服务功能	30%	防洪达标率	40	100	97.66	
			岸线利用管理指数	30	100		
			公众满意度	30	92.2		

表 7-20　支漳河整体健康状况评价结果

序号	评价县(区)	河段长度/km	评价河段长度占评价河流、总长度的比例/%	评价河段健康赋分	健康赋分
1	邯山区	7.03	23	87.76	
2	丛台区	9.44	30	90.53	89.79
3	经济技术开发区	14.86	47	89.25	

第 8 章　清漳河健康评价分析

8.1　"盆"完整性准则层评价

根据涉县清漳河河流健康评价指标体系,"盆"完整性准则层评价指标包括河流纵向连通指数、岸线自然状况和违规开发利用水域岸线程度 3 个指标。按照《技术大纲》评价标准与方法,开展涉县清漳河"盆"完整性健康评价。

8.1.1　河流纵向连通指数评价

依据《技术大纲》关于河流纵向连通指数的评分标准,根据调查情况,清漳河的河流纵向连通指数赋分值为 100 分。

8.1.2　岸线自然指数评价

根据本次构建的涉县清漳河河流健康评价指标体系,岸线自然状况包括河岸稳定性指标、岸线植被覆盖度两个指标。

8.1.2.1　河岸带稳定性评价

依据《技术大纲》关于河岸稳定性的评分标准,根据调查结果,开展河岸带稳定性赋分。涉县清漳河 5 个评价河段的河岸带稳定性评价赋分结果如表 8-1~表 8-5 所示。

8.1.2.2　河岸植被覆盖度

依据《技术大纲》关于岸线植被覆盖度的评分标准,根据调查结果,开展涉县清漳河 5 个评价河段的岸线植被覆盖度评价,赋分结果如表 8-6~表 8-10 所示。

8.1.2.3　岸线自然指数

岸线自然状况包括河岸稳定性指标、岸线植被覆盖度 2 个指标,根据涉县清漳河健康评价设置指标权重进行计算,获得各个河段河岸带自然状况赋分,结果如表 8-11 所示。

8.1.3　违规开发利用水域岸线程度

根据本次构建的涉县清漳河河流健康评价指标体系,违规开发利用水域岸线程度包括入河排污口规范化建设率、入河排污口布局合理程度和河湖"四乱"状况 3 个评价指标。

表 8-1　清漳河河岸带稳定性指标赋分结果（河段 1）

河段	位置	岸坡特性	指标值					指标赋分					河岸稳定性指标赋分
			岸坡高度/m	岸坡倾角/(°)	岸坡植被覆盖度/%	岸坡基质	河岸冲刷状况	岸坡高度	岸坡倾角	岸坡植被覆盖度	岸坡基质	河岸冲刷状况	
河段 1	刘家庄	左岸	0.8	10	85	基岩	无	100	100	100	100	100	100
		右岸	0.8	10	85	基岩	无	100	100	100	100	100	100
	索堡	左岸	1.5	25	50	基岩	无	75	75	75	100	100	85
		右岸	1.5	25	50	基岩	无	75	75	75	100	100	85
	河段赋分		92.5										

表 8-2　清漳河河岸带稳定性指标赋分结果（河段 2）

河段	位置	岸坡特性	指标值						指标赋分						河岸稳定性指标赋分
			岸坡高度/m	岸坡倾角/(°)	岸坡植被覆盖度/%	岸坡基质	河岸冲刷状况	岸坡高度	岸坡倾角	岸坡植被覆盖度	岸坡基质	河岸冲刷状况	
河段 2	索堡	左岸	1.5	25	50	基岩	无	75	75	75	100	100	85
		右岸	1.5	25	50	基岩	无	75	75	75	100	100	85
	赤岸	左岸	1.2	22	80	基岩	无	75	75	100	100	100	90
		右岸	1.2	22	80	基岩	无	75	75	100	100	100	90
河段赋分							87.5							

表 8-3　清漳河河岸带稳定性指标赋分结果（河段 3 ）

河段	位置		岸坡特性	指标值					指标赋分					河岸稳定性指标赋分
				岸坡高度/m	岸坡倾角/(°)	岸坡植被覆盖度/%	岸坡基质	河岸冲刷状况	岸坡高度	岸坡倾角	岸坡植被覆盖度	岸坡基质	河岸冲刷状况	
河段 3	赤岸	左岸		1.2	22	80	基岩	无	75	75	100	100	100	90
		右岸		1.2	22	80	基岩	无	75	75	100	100	100	90
	连泉	左岸		1.5	20	85	岩土	无	75	75	100	75	100	85
		右岸		1.5	20	85	岩土	无	75	75	100	75	100	85
河段赋分									87.5					

表 8-4　清漳河河岸带稳定性指标赋分结果（河段 4）

河段	位置		岸坡特性	指标值						指标赋分						河岸稳定性指标赋分
				岸坡高度/m	岸坡倾角/(°)	岸坡植被覆盖度/%	岸坡基质	河岸冲刷状况	岸坡高度	岸坡倾角	岸坡植被覆盖度	岸坡基质	河岸冲刷状况	
河段 4	连泉	左岸	1.5	20	85	岩土	无	75	75	100	75	100	85
		右岸	1.5	20	85	岩土	无	75	75	100	75	100	85
	匡门口	左岸	0.8	11	90	基岩	无	100	100	100	100	100	100
		右岸	0	90	85	基岩	无	100	0	100	100	100	80
河段赋分											87.5				

表 8-5　清漳河河岸带稳定性指标赋分结果（河段 5）

河段	位置	岸坡特性	指标值					指标赋分						河岸稳定性指标赋分
			岸坡高度/m	岸坡倾角/(°)	岸坡植被覆盖度/%	岸坡基质	河岸冲刷状况	岸坡高度	岸坡倾角	岸坡植被覆盖度	岸坡基质	河岸冲刷状况	
河段 5	匡门口	左岸	0.8	11	90	基岩	无	100	100	100	100	100	100
		右岸	0	90	85	基岩	无	100	0	100	100	100	80
	合漳	左岸	1.2	18	70	岩土	无	75	75	75	75	100	80
		右岸	1.2	18	70	岩土	无	75	75	75	75	100	80
河段赋分													85

表 8-6　清漳河评价河段 1 植被覆盖度赋分结果

河段	位置		岸线植被覆盖度/%	指标赋分
河段 1	指标值	刘家庄	85	100
		索堡	50	50
	河段赋分		75	

表 8-7　清漳河评价河段 2 植被覆盖度赋分结果

河段	位置		岸线植被覆盖度/%	指标赋分
河段 2	指标值	索堡	50	50
		赤岸	85	100
	河段赋分		75	

表 8-8　清漳河评价河段 3 植被覆盖度赋分结果

河段	位置		岸线植被覆盖度/%	指标赋分
河段 3	指标值	赤岸	85	100
		连泉	85	100
	河段赋分		100	

表 8-9　清漳河流评价河段 4 植被覆盖度赋分结果

河段	位置		岸线植被覆盖度/%	指标赋分
河段 4	指标值	连泉	85	100
		匡门口	90	100
	河段赋分		100	

表 8-10　清漳河流评价河段 5 植被覆盖度赋分结果

河段	位置		岸线植被覆盖度/%	指标赋分
河段 5	指标值	匡门口	90	100
		合漳	75	75
	河段赋分		87.5	

表 8-11　清漳河评价河段岸线自然状况赋分结果

河段	河岸稳定性赋分	权重	岸线植被覆盖度赋分	权重	岸线自然指数赋分
1	92.5	0.4	75	0.6	82
2	87.5	0.4	75	0.6	80
3	87.5	0.4	100	0.6	95
4	87.5	0.4	100	0.6	95
5	85	0.4	87.5	0.6	86.5

8.1.3.1　入河排污口规范化建设率

根据调查结果,清漳河涉县有 1 个入河排污口,按照生态环境部门有关要求进行了提标改造等规范化建设,因此根据《技术大纲》有关入河排污口规范化建设率的赋分标准,该项指标各河段得分均为 100 分。

8.1.3.2　入河排污口布局合理程度

根据本次入河排污口调查结果,清漳河涉县有 1 个入河排污口,不影响邻近水功能区水质达标,因此根据《技术大纲》有关入河排污布局合理程度赋分标准,5 个河段赋分为 100 分。

8.1.3.3　河湖"四乱"状况

根据本次河湖"四乱"状况调查统计的结果,未发现有"四乱"情况的河段。按照《技术大纲》有关河湖"四乱"状况的赋分标准,5 个河段得分均为 100 分。

8.1.3.4　违规开发利用水域岸线程度总结

违规开发利用水域岸线程度包括入河排污口规范化建设率、入河排污口布局合理程度和河湖"四乱"状况 3 个评价指标,根据清漳河健康评价设置指标权重进行计算,获得 5 个河段违规开发利用水域岸线程度赋分均为 100 分。

8.1.4　"盆"完整性准则层赋分计算

涉县清漳河"盆"完整性评价指标包括岸线自然指数和违规开发利用水域岸线程度 2 个指标。根据各指标赋分结果和准则层内各个权重设置,开展"盆"完整性准则层评价,赋分结果见表 8-12。

表 8-12 清漳河"盆"完整性准则层赋分结果

河段	河流贯通纵向指数		岸线自然指数		违规开发利用水域岸线程度		"盆"完整性准则层赋分
	赋分	权重	赋分	权重	赋分	权重	
1	100	0.4	82	0.3	100	0.3	94.6
2	100	0.4	80	0.3	100	0.3	94
3	100	0.4	95	0.3	100	0.3	98.5
4	100	0.4	95	0.3	100	0.3	98.5
5	100	0.4	86.5	0.3	100	0.3	95.95

8.2 "水"完整性准则层评价

根据涉县清漳河河流健康评价指标体系,"水"完整性准则层评价指标包括生态流量(水量)满足程度、流量过程变异程度、河流断流程度、水质优劣程度、底泥污染状况和水体自净能力等 6 个指标。按照《技术大纲》和涉县清漳河健康评价指标体系及评价标准,开展涉县清漳河"水"完整性健康评价。

8.2.1 生态流量(水量)满足程度

根据《技术大纲》,通过分析清漳河刘家庄水文站监测资料得知,10 月至翌年 3 月最小日均流量占相应时段多年日均流量的百分比为 29.3%,生态流量满足程度赋分为 98.6 分;4—9 月最小日均流量占相应时段多年日均流量的百分比为 15.6%,生态流量满足程度赋分为 25.6 分。

根据《技术大纲》中取二者的最低赋分值为河流生态流量满足程度赋分,确定涉县清漳河评价河段水位满足程度指标赋分值为 25.6 分。

8.2.2 流量过程变异程度

根据计算得出 FDI 值为 0.5,按照流量过程变异程度赋分标准表进行插值计算,涉县清漳河的流量过程变异程度赋分 45.8 分。

8.2.3 河流断流程度

根据《技术大纲》关于河流断流程度的赋分标准,涉县清漳河索堡—赤岸河段在 2021 年存在断流情况,断流天数为 83 d,赋分 54.5 分,其余各河段河流断流程度赋分为 100 分,见表 8-13。

表 8-13　清漳河"盆"完整性准则层赋分结果

河段	断流天数/d	赋分
1	0	100
2	83	54.5
3	0	100
4	0	100
5	0	100

8.2.4　水质优劣程度

根据涉县清漳河健康评价指标体系及水质优劣程度赋分标准,结合涉县地表水环境管理目标和现状水质状况,实测断面水质满足水质目标要求,水质优劣程度赋分如表 8-14 所示。

表 8-14　清漳河评价河段水质优劣程度赋分

河段	pH		溶解氧		高锰酸盐指数		氨氮		总磷		水质优劣程度赋分
	赋分	权重	赋分	权重	赋分	权重	赋分	权重	赋分	权重	
1	100	0.2	100	0.2	100	0.2	100	0.2	97.5	0.2	99.5
2	100	0.2	100	0.2	100	0.2	100	0.2	98.8	0.2	99.8
3	100	0.2	100	0.2	100	0.2	100	0.2	97.5	0.2	99.5
4	100	0.2	100	0.2	100	0.2	98.1	0.2	96.3	0.2	98.9
5	100	0.2	100	0.2	100	0.2	100	0.2	97.5	0.2	99.5

8.2.5　底泥污染指数

根据《技术大纲》关于底泥污染指数的赋分标准,选取底泥中的每一项污染物含量的最终检测结果进行评价,结果每一项污染物指数均小于 1,赋分结果为 100 分。

8.2.6　水体自净能力

根据《技术大纲》关于水体自净能力的赋分标准,选取溶解氧检测浓度进行赋分,结果各个河道断面的溶解氧浓度均大于 7.5 mg/L 且小于 14.4 mg/L,各个河段赋分结果均为 100 分。

8.2.7　"水"完整性准则层赋分计算

涉县清漳河"水"完整性评价指标包括水量和水质两个指标,其中水量包括水位满足程度指标,水质包括水质优劣程度、底泥污染状况和水体自净能力指标。根据各指标赋分结果和指标权重设置,开展各个河段"水"完整性准则层评价,结果见表 8-15。

表 8-15　清漳河"水"完整性赋分结果

河段	水量						水质						水量指标		水质指标		"水"完整性准则层赋分
	生态流量（水量）满足程度	权重	流量过程变异程度	权重	河流断流程度	权重	水质优劣程度	权重	底泥污染状况	权重	水体自净能力	权重	赋分	权重	赋分	权重	
1	25.6	0.4	45.8	0.3	100	0.3	99.5	0.4	100	0.3	100	0.3	54.0	0.5	99.8	0.5	76.9
2	25.6	0.4	45.8	0.3	54.5	0.3	99.8	0.4	100	0.3	100	0.3	45.8	0.5	99.9	0.5	70.1
3	25.6	0.4	45.8	0.3	100	0.3	99.5	0.4	100	0.3	100	0.3	54.0	0.5	99.8	0.5	76.9
4	25.6	0.4	45.8	0.3	100	0.3	98.9	0.4	100	0.3	100	0.3	54.0	0.5	99.6	0.5	76.8
5	25.6	0.4	45.8	0.3	100	0.3	99.5	0.4	100	0.3	100	0.3	54.0	0.5	99.8	0.5	76.9

8.3　生物完整性准则层评价

按照《技术大纲》,涉县清漳河生物完整性准则层评价用大型底栖无脊椎动物生物完整性指数和鱼类保有指数来评价。

8.3.1　大型底栖无脊椎动物生物完整性指数

大型底栖无脊椎动物生物完整性指数通过对比参照点和受损点大型底栖无脊椎动物状况进行评价,基于候选指标库选取核心评价指标,对评价河湖底栖生物调查数据按照评价参数分值计算方法,计算各河段 BIBI 指数监测值并进行赋分,结果见表 8-16。

表 8-16　清漳河各河段大型底栖无脊椎动物生物完整性评价指标赋分结果

河段	河段名称	指标赋分(BIBIS)
1	刘家庄—索堡	73.21
2	索堡—赤岸	83.85
3	赤岸—连泉	49.05
4	连泉—匡门口	77.30
5	匡门口—合漳	76.17

8.3.2　鱼类保有指数

通过样品采集和现场走访,调查获得清漳河水系现存鱼类共 24 种,隶属于 6 目 8 科,其中 2 种为外来引入养殖种类。根据《中国淡水鱼类图谱》《河北动物志(鱼类)》《漳河鱼类物种多样性现状分析》《漳河山西段鱼类和大型底栖动物群落结构特征》等文献资料,清漳河 1980 年前的鱼类种类为 22 种。清漳河鱼类保有指数为 21/22×100%=95.45%。

根据赋分标准,鱼类保有指数赋分为 92.72 分。

8.3.3　生物完整性准则层赋分计算

根据《技术大纲》,清漳河生物完整性赋分结果见表 8-17。

表 8-17　清漳河生物完整性赋分结果

河段	大型底栖无脊椎动物生物完整性指数		鱼类保有指数		生物完整性赋分
	赋分	权重	赋分	权重	
1	73.21	0.5	92.72	0.5	82.97
2	83.85	0.5	92.72	0.5	88.29
3	49.05	0.5	92.72	0.5	70.89
4	77.30	0.5	92.72	0.5	85.01
5	76.17	0.5	92.72	0.5	84.45

8.4　社会服务功能完整性评价

涉县清漳河社会服务功能完整性准则层评价指标为岸线利用管理指数和公众满意度指标。按照《技术大纲》和涉县清漳河健康评价指标体系及评价标准,对涉县清漳河社会服务功能完整性指标进行健康评价。

8.4.1　岸线利用管理指数

依据《技术大纲》规定,岸线利用管理中的岸线利用率和已利用岸线完好率,即已利用生产岸线经保护恢复到原状(岸线不降低河湖行洪、生态等功能)的长度占已利用生产岸线总长度的百分比。

岸线利用管理指数为 1,赋分为 100 分。

8.4.2　公众满意度指标

根据《技术大纲》关于公众满意度调查和评价赋分的要求,本次发放了 150 份河湖健康调查问卷,发放的主要对象是涉县清漳河沿岸居民,回收了 112 份,统计分析了公众满意度问卷情况,各河段公众满意度调查赋分见表 8-18。

表 8-18　清漳河各河段公众满意度调查赋分

河段	公众满意度得分	赋分
1	98.7	100
2	91.6	95.5
3	95.5	100
4	100	100
5	100	100

8.4.3　社会服务功能完整性准则层赋分计算

涉县清漳河社会服务功能完整性准则层评价指标包括公众满意度和防洪达标率 2 个指标,根据各指标赋分结果和该准则层内指标权重设置,开展社会服务功能完整性准则层评价,赋分结果见表 8-19。

表 8-19　清漳河社会服务功能完整性准则层赋分结果

河段	岸线利用管理指数		公众满意度		社会服务功能完整性赋分
	赋分	权重	赋分	权重	
1	100	0.5	100	0.5	100
2	100	0.5	95.5	0.5	97.75
3	100	0.5	100	0.5	100
4	100	0.5	100	0.5	100
5	100	0.5	100	0.5	100

8.5　河流健康总体评价结果

8.5.1　评价河段健康状况评价结果

根据《技术大纲》确定的河湖健康评价方法,涉县清漳河各个河段健康评价采用分级指标评分法,逐级加权,综合评分,获得各评价河流健康指数,各个河段的健康评价详细结果如表 8-20~表 8-24 所示。

河段 1 的健康指数分值为 88.58 分;

河段 2 的健康指数分值为 86.82 分;

河段 3 的健康指数分值为 86.95 分;

河段 4 的健康指数分值为 89.74 分;

河段 5 的健康指数分值为 89.15 分。

各个河段均处于健康的状态,如图 8-1~图 8-5 所示。

表 8-20　清漳河健康评价赋分结果(河段 1)

目标层	准则层		准则层权重	准则层赋分	指标层	指标层权重	指标层赋分	河段赋分
河流健康	"盆"		20%	94.6	河流纵向连通指数	0.4	100	88.58
					岸线自然指数	0.3	82	
					违规开发利用水域岸线程度	0.3	100	
	"水"	水量(50%)	30%	54.0	生态流量(水量)满足程度	0.4	25.6	
					流量过程变异程度	0.3	45.8	
					河流断流程度	0.3	100	
		水质(50%)		99.8	水质优劣程度	0.4	99.5	
					底泥污染状况	0.3	100	
					水体自净能力	0.3	100	
	生物		20%	83.0	大型底栖无脊椎动物生物完整性指数	0.5	73.2	
					鱼类保有指数	0.5	92.7	
	社会服务功能		30%	100	岸线利用管理指数	0.5	100	
					公众满意度	0.5	100	

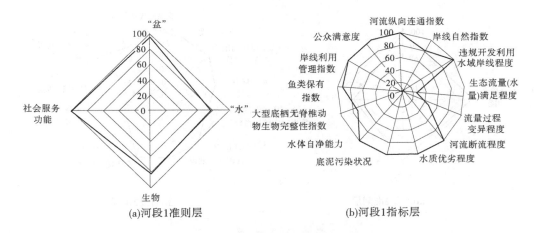

(a)河段1准则层　　　　　　　　(b)河段1指标层

图 8-1　清漳河健康评价雷达图(河段 1)

表 8-21　清漳河健康评价赋分结果(河段 2)

目标层	准则层	准则层权重	准则层赋分	指标层	指标层权重	指标赋分	河段赋分
河流健康	"盆"	20%	94	河流纵向连通指数	0.4	100	86.82
				岸线自然指数	0.3	82	
				违规开发利用水域岸线程度	0.3	100	
	"水"	30%	水量(50%) 40.3	生态流量(水量)满足程度	0.4	25.6	
				流量过程变异程度	0.3	45.8	
				河流断流程度	0.3	54.5	
			水质(50%) 99.6	水质优劣程度	0.4	98.9	
				底泥污染状况	0.3	100	
				水体自净能力	0.3	100	
	生物	20%	83.3	大型底栖无脊椎动物生物完整性指数	0.5	83.9	
				鱼类保有指数	0.5	92.7	
	社会服务功能	30%	97.8	岸线利用管理指数	0.5	100	
				公众满意度	0.5	95.5	

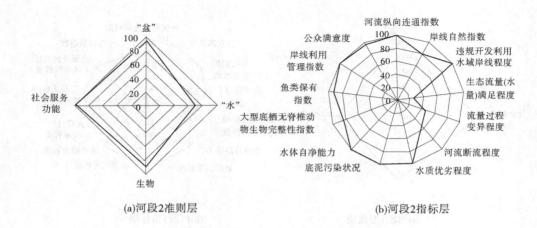

(a)河段2准则层   (b)河段2指标层

图 8-2 清漳河健康评价雷达图(河段2)

表 8-22 清漳河健康评价赋分结果(河段3)

目标层	准则层		准则层权重	准则层赋分	指标层	指标层权重	指标赋分	河段赋分
河流健康	"盆"		20%	98.5	河流纵向连通指数	0.4	100	86.95
					岸线自然指数	0.3	95	
					违规开发利用水域岸线程度	0.3	100	
	"水"	水量(50%)	30%	54.0	生态流量(水量)满足程度	0.4	25.6	
					流量过程变异程度	0.3	45.8	
					河流断流程度	0.3	100	
		水质(50%)		99.8	水质优劣程度	0.4	99.5	
					底泥污染状况	0.3	100	
					水体自净能力	0.3	100	
	生物		20%	70.9	大型底栖无脊椎动物生物完整性指数	0.5	49.1	
					鱼类保有指数	0.5	92.7	
	社会服务功能		30%	100	岸线利用管理指数	0.5	100	
					公众满意度	0.5	100	

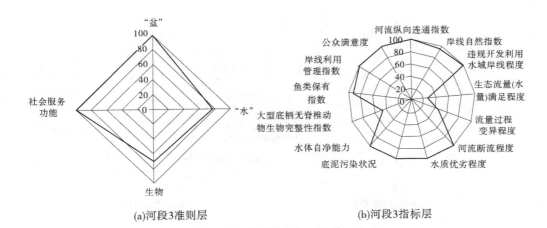

(a)河段3准则层　　　　　　　　　　　　　　(b)河段3指标层

图 8-3　清漳河健康评价雷达图(河段 3)

表 8-23　清漳河健康评价赋分结果(河段 4)

目标层	准则层	准则层权重	准则层赋分	指标层	指标层权重	指标赋分	河段赋分
河流健康	"盆"	20%	98.5	河流纵向连通指数	0.4	100	89.74
				岸线自然指数	0.3	95	
				违规开发利用水域岸线程度	0.3	100	
	"水" 水量(50%)	30%	54.0	生态流量(水量)满足程度	0.4	25.6	
				流量过程变异程度	0.3	45.8	
				河流断流程度	0.3	100	
	水质(50%)		99.6	水质优劣程度	0.4	98.9	
				底泥污染状况	0.3	100	
				水体自净能力	0.3	100	
	生物	20%	85.0	大型底栖无脊椎动物生物完整性指数	0.5	77.3	
				鱼类保有指数	0.5	92.7	
	社会服务功能	30%	100	岸线利用管理指数	0.5	100	
				公众满意度	0.5	100	

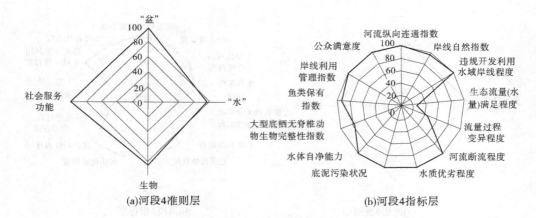

(a)河段4准则层   (b)河段4指标层

图8-4 清漳河健康评价雷达图(河段4)

表8-24 清漳河健康评价赋分结果(河段5)

目标层	准则层	准则层权重	准则层赋分	指标层	指标层权重	指标赋分	河段赋分
河流健康	"盆"	20%	96.0	河流纵向连通指数	0.4	100	89.15
				岸线自然指数	0.3	86.5	
				违规开发利用水域岸线程度	0.3	100	
	"水" 水量(50%)	30%	54.0	生态流量(水量)满足程度	0.4	25.6	
				流量过程变异程度	0.3	45.8	
				河流断流程度	0.3	100	
	水质(50%)		99.8	水质优劣程度	0.4	99.5	
				底泥污染状况	0.3	100	
				水体自净能力	0.3	100	
	生物	20%	84.4	大型底栖无脊椎动物生物完整性指数	0.5	76.2	
				鱼类保有指数	0.5	92.7	
	社会服务功能	30%	100	岸线利用管理指数	0.5	100	
				公众满意度	0.5	100	

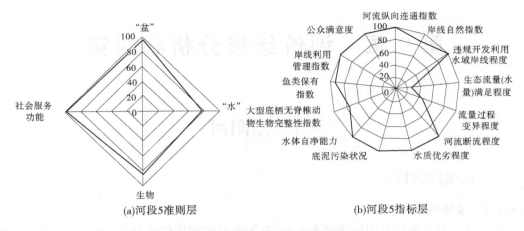

(a)河段5准则层 (b)河段5指标层

图 8-5 清漳河健康评价雷达图(河段 5)

8.5.2 清漳河整体健康状况评价结果

根据《技术大纲》确定的河湖健康评价方法,按照各个河段长度占涉县清漳河总长度的比例作为加权系数,依据各个河段健康分值加权获得涉县清漳河整体河流健康的得分为 88.33 分,处于"健康"状态,评价分类为二类河湖,赋分见表 8-25。

表 8-25 清漳河整体健康状况赋分

河段	起止断面	河段长度/km	河段占比	各河段健康赋分	清漳河整体健康赋分
1	刘家庄—索堡	12	0.20	88.58	
2	索堡—赤岸	10	0.16	86.82	
3	赤岸—连泉	12	0.20	86.95	88.33
4	连泉—匡门口	11	0.18	89.74	
5	匡门口—合漳	16	0.26	89.15	

第 9 章　评价结果分析和对策

9.1　滏阳河

9.1.1　河流健康特征

9.1.1.1　整体特征

由 6.5.2 整体健康状况评价结果可知,滏阳河整体健康的得分为 90.47 分,处于"非常健康"的状态,评价分类为一类河湖。进一步解析 9 个评价河段的整体健康分数及状态,如表 9-1、图 9-1 所示。可知,峰峰矿区、磁县、丛台区、经济技术开发区、永年区的整体评分都超过了 90 分,表明这些河段"非常健康",而且磁县评分最高,为 93.70 分;冀南新区、邯山区、曲周县、鸡泽县评分相对较低,但分数都在 85~90 分,表明这些河段状态为"健康"。整体而言,滏阳河上游的健康状态明显高于下游的健康状态,且乡村段的健康状态明显高于城市段的健康状态。

表 9-1　滏阳河各河段健康整体特征

序号	评价县(区)	健康指数分值	状态	评价分类	权重	整体评分
1	峰峰矿区	92.00	非常健康	一类河湖	0.14	
2	磁县	93.70	非常健康	一类河湖	0.11	
3	冀南新区	88.28	健康	二类河湖	0.08	
4	邯山区	89.75	健康	二类河湖	0.07	
5	丛台区	90.67	非常健康	一类河湖	0.11	90.47
6	经济技术开发区	91.40	非常健康	一类河湖	0.15	
7	永年区	91.81	非常健康	一类河湖	0.15	
8	曲周县	88.42	健康	二类河湖	0.13	
9	鸡泽县	86.64	健康	二类河湖	0.06	

9.1.1.2　准则层特征

通过滏阳河河流健康不同方面雷达图(见图 9-2)分布来进一步解析滏阳河健康评价的准则特征。可知,滏阳河社会服务功能的健康指数最高,为 96.57 分;"水"的完整性次之,健康指数为 94.24 分;"盆"的完整性健康指数再次之,为 90.83 分。上述三个准则层

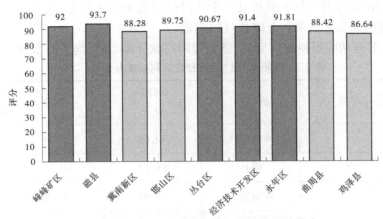

图 9-1　滏阳河不同评价河段健康评分分布

评分同属于"非常健康"状态。生物准则层的健康指数评分明显低,为 80.16 分,刚达到"健康"状态。

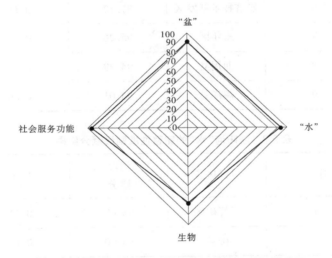

图 9-2　滏阳河 2022 年河流健康评价准则层雷达图

　　为准确辨析滏阳河健康状态,将不同准则层的各个河段赋分结果列出,如表 9-2 ~ 表 9-5 所示,可知:

　　(1)就"盆"的完整性而言,均达到健康及以上状态,其中冀南新区、邯山区、永年区、曲周县和鸡泽县均为非常健康状态,县(区)个数的占比为 55.56%;而且永年区赋分最高,为 95.26 分。上游段的峰峰矿区、磁县以及市区段丛台区、经济技术开发区的赋分略低,为健康状态,县(区)个数占比为 44.44%。

　　(2)就"水"的完整性而言,均达到健康及以上状态,仅中下游段经济技术开发区的赋分略低,为健康状态,县(区)个数占比为 11.11%;其他均为非常健康状态,县(区)个数占比为 88.89%。

　　(3)就生物的完整性而言,各河段赋分都不是很高,其中峰峰矿区、磁县、邯山区、丛台区、永年区、经济技术开发区和曲周县7个县(区)河段为健康状态,县(区)个数占比为44.44%;该准则层无非常健康状态的县(区)河段。

(4)就社会服务功能可持续性而言,整个滏阳河赋分都很高,均为非常健康状态。

表9-2　滏阳河"盆"的完整性准则层赋分结果

准则层	序号	县(区)	河段赋分	权重	准则层赋分
"盆"	1	峰峰矿区	89.61	0.14	89.95
	2	磁县	85.17	0.11	
	3	冀南新区	92.97	0.08	
	4	邯山区	93.13	0.07	
	5	丛台区	80.09	0.11	
	6	经济技术开发区	87.12	0.15	
	7	永年区	95.26	0.15	
	8	曲周县	94.89	0.13	
	9	鸡泽县	93.01	0.06	

表9-3　滏阳河"水"的完整性准则层赋分结果

准则层	序号	县(区)	河段赋分	权重	准则层赋分
"水"	1	峰峰矿区	98.00	0.14	93.36
	2	磁县	98.00	0.11	
	3	冀南新区	95.00	0.08	
	4	邯山区	95.00	0.07	
	5	丛台区	91.80	0.11	
	6	经济技术开发区	88.80	0.15	
	7	永年区	92.00	0.15	
	8	曲周县	92.00	0.13	
	9	鸡泽县	90.40	0.06	

表 9-4 滏阳河生物完整性准则层赋分结果

准则层	序号	县（区）	河段赋分	权重	准则层赋分
生物	1	峰峰矿区	80.86	0.14	77.51
	2	磁县	83.67	0.11	
	3	冀南新区	60.88	0.08	
	4	邯山区	81.29	0.07	
	5	丛台区	83.67	0.11	
	6	经济技术开发区	83.67	0.15	
	7	永年区	81.29	0.15	
	8	曲周县	67.89	0.13	
	9	鸡泽县	60.88	0.06	

表 9-5 滏阳河社会服务功能可持续性准则层赋分结果

准则层	序号	县（区）	河段赋分	权重	准则层赋分
社会服务功能	1	峰峰矿区	96.58	0.14	96.58
	2	磁县	96.54	0.11	
	3	冀南新区	96.58	0.08	
	4	邯山区	96.58	0.07	
	5	丛台区	96.58	0.11	
	6	经济技术开发区	96.58	0.15	
	7	永年区	96.58	0.15	
	8	曲周县	96.58	0.13	
	9	鸡泽县	96.58	0.06	

9.1.1.3 指标层特征

为了更精细化解析诊断滏阳河健康状态,绘制指标雷达图如图 9-3 所示,并将不同指标层的赋分过程给出,如表 9-6 所示。可知,在 13 个指标体系中,9 个指标的赋分超过 90 分,为非常健康状态,占比为 69.23%;大型底栖无脊椎动物生物完整性指数和岸线自然指数 2 个指标为健康状态,占比为 15.38%;所有处于健康状态的指标占比为 84.62%。

其中,9 个处于非常健康状态的指标当中,违规开发利用水域岸线程度、生态流量(水量)满足程度、河流断流程度、底泥污染指数和防洪达标率这 5 个指标的赋分为满分,岸线利用管理指数、供水水量保证程度、水体自净能力和公众满意度这 4 个指标赋分由高到低,均在 90~100 分;健康状态赋分由高到低的 2 个指标分别为大型底栖无脊椎动物生物完整性指数和岸线自然指数。

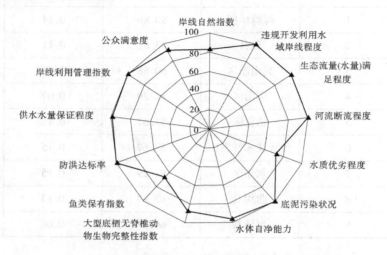

图 9-3　滏阳河 2022 年河流健康评价准则层雷达图

表 9-6　滏阳河各指标层赋分结果

目标层	准则层		指标层	指标层赋分
滏阳河健康评价	"盆"		岸线自然指数	82.97
			违规开发利用水域岸线程度	100
	"水"	水量	生态流量(水量)满足程度	100
			河流断流程度	100
		水质	水质优劣程度	72.00
			底泥污染指数	100
			水体自净能力	96.20
	生物		大型底栖无脊椎动物生物完整性指数	88.02
			鱼类保有指数	67.34
	社会服务功能		防洪达标率	100
			供水水量保证程度	98.50
			岸线利用管理指数	99.99
			公众满意度	92.20

9.1.2　河流不健康的主要表征

9.1.2.1　准则层表征

进一步解析图 9-2,相比而言,生物准则层赋分较低,因此生物准则层的状态是制约滏阳河整体健康能否提升的首要因素。"盆"的完整性评分为健康状态,而剩余的两个准则层评分为"非常健康"状态,相比较而言,"盆"的完整性评分对滏阳河的健康也有制约作用。

针对生物完整性,进一步解析表 9-4,分析不同县(区)河段的赋分可知,冀南新区、曲周县以及鸡泽县赋分最差,仅为 60~68 分,处于亚健康状态。因此,冀南新区、曲周县和鸡泽县生物完整性的评分是制约整个河流生物完整性健康状态的关键,也是制约整个滏阳河健康状态的关键。尽管峰峰矿区段河流生物完整性评价为健康状态,但赋分 80.65分,在健康状态的几个县(区)中评分略低,因此对河流生物完整性及整个河流健康状态也有制约。

针对"盆"完整性,进一步解析表 9-2,丛台区"盆"的完整性的赋分为 80.90 分,明显低于其他县(区)的赋分。因此,丛台区"盆"完整性赋分对滏阳河"盆"完整性及整个河流健康状态也有所制约。

9.1.2.2　指标层特征

由指标雷达图 9-3 及表 9-6 可知,滏阳河各指标中仅鱼类保有指数和水质优劣程度没有达到健康及以上状态,仅达到亚健康状态,不健康指标的个数占比为 15.38%。其中,鱼类保有指数分数最低,仅 66.40 分,水质优劣程度的赋分为 72 分,因此鱼类保有指数和水质优劣程度是制约滏阳河健康状态的关键指标。在健康状态的 2 个指标当中,岸线自然指数为 82.97 分,分数相对较低,故该指数对滏阳河健康状态也有一定的制约作用。

9.1.3　河流健康历史情况对比

滏阳河是邯郸市的母亲河,随着城市的不断发展和城乡一体化进程的不断加快,滏阳河作为邯郸市城市防洪体系的重要组成部分,贯穿南部规划城区、主城区和北部规划城区,城市建设面临着防洪排涝安全的瓶颈制约。近十几年来,两堤之间部分河道滩地被划为基本农田、堤防侵占、滩地围垦、沿途生活污水直排、生活与建筑垃圾随意倾倒等现象仍未完全解决。

自 2020 年初以来,邯郸市从河道清淤及行洪断面恢复、堤顶路建设、堤岸绿化、配套水利工程、卡口治理、沿河生态节点打造以及沿河乡村提挡升级等各个方面综合考虑,实施了滏阳河全域生态修复工程,成为近年来邯郸市的头号工程。截至 2022 年 9 月,近 3年来完成的工程投资额达 41.78 亿元,充分体现了邯郸市人民政府把滏阳河保护好、利用好、开发好的决心。

其中,沿河生态节点打造、河道清淤及行洪断面恢复及配套水利工程所占投资额度最高,分别占总投资的 22.60%、20.16% 和 16.91%,这三项投资就占了投资的近 60%,反映了滏阳河全域生态修复工程的重点,也反映了邯郸市人民政府借这一头号工程开启邯郸绿色高质量发展的决心。

　　自 2019 年开始对滏阳河进行健康监测,通过历史数据的分析对比,可以更深入地解析滏阳河河流健康状况,评价成果的对比也间接评估了工程实施对滏阳河河流健康的影响效果。

9.1.3.1　"盆"的完整性

　　随着滏阳河生态修复综合治理的开展,2022 年滏阳河岸坡和岸线比治理前大有改观,经过全域的岸线绿化和岸坡改造,为河流生境的修复创造了良好的条件。以滏阳河苏里附近为例,2019 年 11 月,岸线杂草丛生,且原有岸坡都是水泥衬砌,边坡碎裂且坡脚有冲刷痕迹,岸坡不够稳定且绿化覆盖率不高,如图 9-4(a)所示;2022 年 4 月,由图 6-4(b)可以看出,岸坡坡脚已进行了加固;而 2022 年 6 月施工结束后的航拍图[见图 6-4(c)]则展示了"焕颜"后的滏阳河苏里新貌,对比可知,岸坡的稳定性、岸坡的绿化以及岸线的绿化都得到了质的提升。

(a)2019 年 11 月

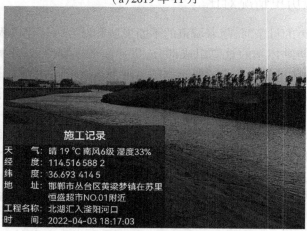

(b)2022 年 4 月

图 9-4　滏阳河苏里断面岸线对比变化

(c)2022 年 6 月

续图 9-4

此外,综合治理统筹了水资源利用、水环境治理和水生态修复,坚持饮用水水源、黑臭水体、工业废水、农业退水、城乡污水"五水共治",确保水环境质量持续改善。近年来,全市完成 61 个入河排污口"查、测、溯、管、治",基本杜绝了违规开发利用水域岸线。

9.1.3.2 "水"的完整性

自 2019 年起,生态环境部对外发布全国市级及以上城市国家地表水考核断面水环境质量排名,每年进行 4 次排名,既看状况又看变化,让公众能够比较清晰地了解城市地表水环境质量及改善情况。特别地,水环境改善的速度往往能折射出一方治水的力度和气魄,通过开展全国市级及以上城市国家地表水考核断面水环境质量排名工作,能客观反映地方人民政府水污染防治工作的成效和努力程度,进一步提升地方人民政府水污染防治工作的积极性,推动水环境质量稳步改善。

经邯郸市生态环境局调研,相较于历史,2021 年,邯郸全市 13 个地表水国家级考核断面、省级考核断面优良水体比例 76.9%,超目标 15.4 个百分点,水质已经得到了提高。2022 年 1—8 月,考核断面在增加至 16 个的情况下,优良比例提高至 87.5%,超目标 12.5 个百分点,达到历史最高水平,全部消除劣 V 类断面(见表 9-7)。结合 2022 年本项目补充断面的水质监测结果,可以看出,2022 年水质情况明显又比 2021 年的水质情况有所提高,特别是韩屯、郭桥等下游断面水质由 IV 类水改进为 III 类水。由生态环境部公布的前三季度地表水环境质量状况,邯郸市进入了 2022 年前三季度国家地表水考核断面水环境质量变化情况排名前 30 位城市名单,且排名第二。上述水质的改善充分反映了滏阳河全域生态修复综合治理的显著成效。

表 9-7　滏阳河 2022 年部分断面水质监测结果

序号	断面名称	2022 年度								平均水质
		1 月	2 月	3 月	4 月	5 月	6 月	7 月	8 月	
1	九号泉	II	I	II	I	II	II	II	II	I
2	东武仕出口	II	II	II	II	II	II	II	II	II
3	南左良	III	II	II	II	II	II	III	III	III
4	西鸭池	IV	III	II	III	II	II	II	III	III
5	韩屯	III	IV	II	IV	III	III	III	III	III
6	郭桥	IV	III	IV	III	IV	IV	IV	III	III

9.1.3.3　生物完整性

于 2019—2021 年连续 3 年分别在尹家桥、张庄桥(河边村附近)、苏里、莲花口这 4 个站点针对大型底栖动物开展了每年 4 次的现场监测。经过对比分析得出,滏阳河大型底栖动物种类数基本呈现增加的趋势。特别是 2020 年以来,基本保持在 40 种以上的水平,节肢动物门(Arthropoda)和软体动物门(Mollusca)是滏阳河大型底栖动物的优势类群。滏阳河 2019—2022 年大型底栖动物种类数变化情况如图 9-5 所示。种类组成方面,节肢动物门特别是水生昆虫类群呈现出较为显著的增加,蜉蝣目(东方蜉 Ephemera orientalis)和毛翅目等一些对水质较为敏感的大型底栖动物类群也逐步成为滏阳河的常见类群。

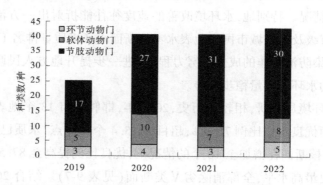

图 9-5　滏阳河 2019—2022 年大型底栖动物种类数变化情况

在对滏阳河大型底栖动物的分布和密度进行测定的基础上,采用通用的 Shannon-Wiener 多样性指数对滏阳河大型底栖动物多样性进行评价。结果显示,滏阳河大型底栖动物多样性指数值由 2019 年的 1.88 逐步增加至 2022 年的 2.67,与种类数趋势基本吻合。

整体来看,滏阳河大型底栖动物类群生物多样性基本呈现提升趋势,这与滏阳河水生态系统的改善密不可分。此外,岸坡的自然化以及植被覆盖度的提高改善了生物栖息地质量,进而促进了大型底栖动物多样性水平的提升。

9.1.3.4　社会服务功能的可持续性

随着滏阳河全域生态修复综合治理的实施,滏阳河的防洪功能、岸线利用、公众满意度等社会服务功能得到了极大的提升,具体如下:

首先,经过治理后,滏阳河防洪标准由原来的不足 20 年一遇提升至 50~100 年一遇,极大提高了河道行洪排涝能力,使得防洪达标率达到了 100%。其次,岸线利用得到了优化,沿岸水域管理得到了质的提升,除历史遗留问题外,滏阳河已基本无生产岸线。最后,在公众满意度方面,经过河道清淤疏浚,滏阳河水面大幅增加,综合治理打造的一系列景观也亮点纷呈,成为广大群众亲近自然的好去处,生态环境和人居环境都得到了极大改善,人民群众的幸福感和满意度大幅提升。

9.1.4　影响河流健康的主要压力

滏阳河是邯郸的母亲河,是海河子牙河水系的重要河流,是一条集防洪、供水、灌溉、航运、生态等综合利用为一体的多功能性河道。经过滏阳河全域生态修复综合治理,滏阳河水面由原来的 3.7 km² 提升至 16 km²,各种鸟类云集,生态环境发生了质的飞跃,人民幸福感倍增,河流整体呈现出非常健康的状态。然而,针对本次健康评价开展的精细化诊断辨析可知,在一些河段或个别指标上仍存在亚健康状态,并未达到健康标准;还有一些指标尽管整体达到了健康状态但部分河段个别指标赋分较低,呈现不健康状态或亚健康状态,仍需改进。针对不同方面,就影响滏阳河健康的主要压力开展具体分析如下。

9.1.4.1　影响整体河段健康的压力分析

在所有的指标整体评分中,鱼类保有指数最低,仅 67.34 分,呈现"亚健康"状态。由 3.2.3.2 可知,监测调查是在 2022 年 5—8 月开展监测,部分河段仍在施工,施工过程中,河道清淤等难免会对河流生境造成一定影响,使得本次监测所获种类较少;而鱼类保有指数是现有鱼类种类与历史种类的对比,本次监测是选择整个河流不同监测断面的鱼类进行汇总,评分代表了整个河流的鱼类保有的状态,使得整个河段的鱼类保有指数较低。此外,水质优劣程度分数也不高,评分为 72 分,同样为亚健康状态。

综上所述,整个滏阳河鱼类保有指数较低是影响滏阳河生物完整性健康的主要压力指标,水质优劣程度分数不高是影响滏阳河生物完整性健康的压力指标。鱼类保有指数和水质优劣程度是影响整个滏阳河河流健康的直接压力指标。

9.1.4.2　影响部分河段健康的压力分析

1. 大型底栖无脊椎动物生物完整性指数

针对 6.3.1 准则层不健康表征中"冀南新区、曲周县和鸡泽县的大型底栖无脊椎动物生物完整性指数是制约整个河流生物完整性健康状态的关键"的分析,进一步剖析这三个县(区)生物完整性不健康的病症,诊断得出冀南新区、曲周县和鸡泽县的大型底栖无脊椎动物生物完整性指数的评分很低,均低于 60 分,呈现不健康状态。由于 6—8 月开展监测阶段,冀南新区高臾镇附近治理施工刚完成不久,而曲周县的马疃和鸡泽的东于口断面正在施工,对底栖动物的生境有一定的影响,因此评分低。此外,曲周县和鸡泽县位于滏阳河的下游段,尽管水质与历史状态相比好了很多,但与上游相比,水质较差,大型底栖动物对水质较为敏感,水质降低也会对这些河段的大型底栖无脊椎动物完整性的健康状态产生一定影响。综上可知,冀南新区以及下游曲周县、鸡泽县河段的大型底栖无脊椎动物生物完整性状态不健康是影响滏阳河生物完整性相应河段健康的压力所在,也形成了影响整个河流健康的间接压力。

　　2. 水质优劣程度

　　由图9-4以及9.1.2.2相关分析可知,水质优劣程度是影响整个滏阳河河流健康的指标。进一步解析表5-7可知,经济技术开发区、永年区、曲周县及鸡泽县的分数较低,均为60分,刚达到亚健康状态。经调研可知,尽管滏阳河点源治理及入河排污规范化建设具有了一定成效,但相较乡村段而言,河流城区段建筑物林立、人员密集、情势复杂,非点源污染风险较高。经济技术开发区及以下4个县(区)位于下游,承接了市区的非点源污染。此外,经济技术开发区及以下4个县(区)均位于下游,特别是莲花口以下整体河道变宽、流速变缓,水动力条件较上游明显不足,水体自净能力非常有限,承接的污染物不能及时消纳,因此下游这四个县(区)的水质受到了影响。综上可知,经济技术开发区段及其下游4县(区)水质优劣程度较差,形成影响相应河段水的完整性健康的压力,也形成了影响整个河流健康的间接压力。

　　3. 岸线自然指数

　　针对6.1.3准则层不健康表征中"'盆'的完整性对滏阳河健康也有一定制约"的分析,结合违规开发利用水域岸线程度全域满分的情况,主要针对岸线自然指数不同河段评分开展分析可知,滏阳河市区段邯山区、丛台区以及上游峰峰段南留旺桥三个评价河段的岸线自然指数都未达到健康状态,都为亚健康状态。其中,邯山区评价河段的评分最低仅60.18分。由于滏阳河的主城区段有防洪任务,故部分河段岸坡非生态岸坡,且坡度较陡、岸线也较高,是市区段岸线自然指数较低的原因。由于拆迁等历史原因,上游峰峰段南留旺桥附近岸线尚未清理,使得这一河段的岸线管理存有压力。综上所述,邯山区、丛台区以及上游峰峰南留旺附近河段的岸线自然指数偏低影响了滏阳河"盆"完整性的健康,并形成了压力,也间接影响了整个河流的健康而形成一定间接压力。

9.1.5　保护及修复对策建议

　　推行河长制是落实绿色发展理念、推进生态文明建设、实现人与自然和谐共生的现代化的内在要求。河湖管理保护涉及上下岸、左右岸、不同行政区域和行业,开展河湖健康评价、诊断河湖健康问题就是解决复杂河湖管理的基础和前提。针对2022年邯郸市滏阳河健康评价及诊断结果,建议邯郸市县各级河长办,进一步践行绿水青山就是金山银山的理念,从水域岸线管控、水资源管理、水环境治理及水生态修复等四方面优化河湖管理。

9.1.5.1　水域岸线管控

　　由河流不健康表征及压力分析可知,岸线自然指数偏低是形成滏阳河不健康的压力之一,对标不同河段(县、区)的不同"病灶"及"病因",给出具体建议。其中,针对滏阳河上游峰峰段,尽快处理南留旺桥左岸拆迁等历史遗留问题,进而降低岸坡高度,优化岸坡环境和生态,提高岸坡和岸线植被覆盖度,提高岸线自然指数及岸线利用管理指数两个指标评分。经过全域生态修复综合治理后,大部分岸坡变生态护坡,基地多为黏土,岸坡稳定性有一定的风险压力。针对岸坡时有冲刷的问题,建议根据滏阳河不同的防洪标准及水力情势,在岸坡坡脚增加抛石石笼护岸,提高岸坡稳定性评分。

河湖"四乱"是水域岸线管理的重点,因其偶发性,也是管理的难点所在。建议加密视频设备布点,调动各级河长办充分利用河道视频监控系统,进一步推动河湖监管由"人防为主"向"人防+技防结合",并逐步向"技防为主"转变,为智慧河湖管理建设夯实基础。

水清河畅、岸绿景美是广大人民群众的普遍心声,也是广大人民群众的普遍诉求。建议各市、县河长办进一步加强河长制的宣传和科普工作,充分利用人民群众的热心和热情,发展民间河长,解放各级河长管理人员的同时能提高巡河的频次,推动管理机构"人防"到普通民众"人防"的转换,进一步提高"四乱"发现清理的及时性。

9.1.5.2　水资源管理

近年来,滏阳河逐渐由供水、灌溉为主,逐渐转变到供水、灌溉、生态、景观和航运综合利用的一条河流。在此背景下,确保滏阳河生态流量的重要性愈发显著。因此,一定要坚持节水优先,进一步提高生产用水效益和生活用水效率,避免行业竞争性缺水,使得滏阳河生态流量的保障落到实处,确保滏阳河不断流,维持河流基本生态功能,保证滏阳河健康的持续改善和不断提升。

借着国家水网建设的东风,在邯郸东部水网建设的基础上,借滏阳河生态修复综合治理的契机,以滏阳河水系为主体,优化东武仕水库、引漳、引江、引黄等多水源工程联调联动机制,统筹河流上下游、左右岸,构建空间更加均衡的邯郸市水网工程。

随着全球气候变化,洪涝和干旱等极端天气频发、广发。针对洪涝和干旱等极端天气,应建立水量调配的应急预案。特别地,应针对持续干旱或连续干旱年份,进一步优化应急调度方案,保证连续特枯年份的生态水量。针对水污染等不同类型、不同风险等级的突发事件,开展预警及响应机制、响应预案的制定。

9.1.5.3　水环境治理

针对本次评价经济技术开发区及以下4县(区)水质优劣程度呈现亚健康的情况,结合岸线城镇和居民分布情况,应重点加强穿市区、县城段的非点源污染治理,亟须加强相应河段的水体自净能力。具体而言:

在市区段,进一步持续加强黑臭水体的治理力度。针对河道内管理措施方面,严格实施雨污管道分流,严禁雨水管道排污;河道内工程措施方面,除了增设橡胶坝、水跌等水利措施增加河流水动力、提高河流净化能力外,可通过水生植物浮岛等生态措施进一步增加河流消纳、消解污染物的能力。针对河岸,在新改建小区或设施方面,考虑增加非点源污染的海绵消纳措施,争取先行先试,进一步降低雨水入河污染来源;此外,广泛开展水环境保护的科普宣传和倡议,进一步提升市民素质,避免垃圾入河、宠物粪便排放,进一步降低岸上非点源污染风险。

在县(区)段,一方面,进一步推进农村生活污水处理的普及和整改,进一步提升农村污水处理的能力和质量,进一步提高农村生活污水的处理率,降低污水的入河排放率;另一方面,建议对两岸农田积极推广保护性耕作、绿色防控、化肥机械化深施、精准化施肥等减量增效技术;推进农家肥、畜禽粪便等有机肥料资源的综合利用,优化作物结构,建议两岸优先种植需肥需药量低、环境效益较好的农作物,建设高效清洁农田。

9.1.5.4 水生态修复

在邯郸市人民政府下定决心把滏阳河保护好、利用好、开发好的总基调下,邯郸市滏阳河水系全域焕发了新的生机,历史情况对比也表明了浮游生物的逐渐增加。但由于历史原因,外加2022年施工影响,本次鱼类保有指数的评分一般,仅为亚健康状态。未来在水环境治理的基础上,结合滏阳河全域生态治理改造,打造不同的湿地或景观节点,进一步加强生境的修复,构建不同的生态廊道,让滏阳河休养生息,使得物种逐渐丰富,恢复鱼类的种类和数量。

随着滏阳河生态的逐渐修复,水生生物也将得到持续改善,特别是水生植物的生长改善。根据北京市生态修复的经验,一年生水生植物的生长繁殖较快,但由于其生长节律,它们死亡也快,极易造成枝条的腐烂,反而会影响河流水体并影响其他底栖生物的生长。因此,应建立相应的应急打捞等响应机制。

大型底栖动物对水体的耐受能力变化范围较大,是水生态健康评价的常用指标,大部分种类生活史较长,对水生态环境质量的变化反应较慢。随着综合治理工程的完成,沿河生境的重建和重组,大型底栖动物多样性和完整性将会逐渐改善。因此,基于代表性、延续性等调查监测的基本原则,建议在已有监测点位的基础上,科学合理地确定调查监测频次,对滏阳河的这一类群开展持续的调查监测,以获得更为全面的滏阳河大型底栖动物生物多样性数据,为后续开展滏阳河水生态系统的保护修复提供基础数据和决策参考。

此外,河流生境在上下游的形态、数量及质量的差异性,造成了上下游的生态服务价值差异性。未来,在逐渐恢复滏阳河健康活力的同时,尝试建立上下游联动的生态补偿长效机制,充分发挥市场的作用,让政府-市场两手发力,以此成为滏阳河水系管理的新发力点。

党的二十大报告指出:尊重自然、顺应自然、保护自然,是全面建设社会主义现代化国家的内在要求。必须牢固树立和践行绿水青山就是金山银山的理念,站在人与自然和谐共生的高度谋划发展。健康的河湖是支撑区域绿色高质量发展的基础,也是广大人民向往美好生活的基本诉求,是人与自然和谐共生的直接体现。为推动绿色发展,促进人与自然和谐共生,坚持"以水而定"的原则,节水优先,统筹水资源、水环境、水生态治理,推动母亲河的生态保护治理。在河流健康的基础上,大幅提高河流社会服务功能,将滏阳河打造成一条安澜、健康、宜居、文化、富民、和谐的幸福河。

9.2 支漳河

9.2.1 河流健康整体特征

通过对支漳河3个河段进行河湖健康评价,各河段健康指数分值、健康状态及评价分类如表9-8所示。

表 9-8　支漳河各个河段健康整体特征

序号	评价县(区)	健康指数分值	状态	评价分类
1	丛台区	87.76	健康	二类河湖
2	邯山区	90.53	健康	二类河湖
3	经济技术开发区	89.25	健康	二类河湖

　　由支漳河整体健康评价结果可知,支漳河整体河流健康的得分为 89.79 分,处于"健康"的状态,评价分类为二类。

　　从河流健康的各准则层雷达图(见图 9-6)分布和评价结果(见表 9-9)来看,支漳河社会服务功能准则层的健康指数最高,为 97.66 分,"水"准则层次之,健康指数为 94.55 分,两个准则层的健康指数都属于一类河湖,为"非常健康"状态;"盆"准则层健康指数为 87.96 分,属于二类河湖,为"健康"状态;生物准则层健康指数为 73.71 分,属于三类河湖,为"亚健康"状态。

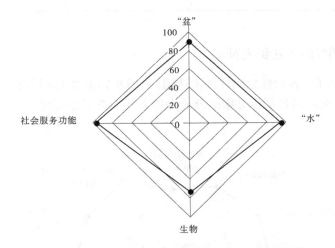

图 9-6　支漳河 2022 年河流健康评价准则层雷达图

　　综上可知,制约支漳河河流健康的关键准则层主要是生物准则层,"盆"准则层也有提高的必要。

表 9-9　支漳河准则层赋分结果

准则层	河段赋分	权重	准则层赋分
"盆"	76.57	0.23	87.96
	86	0.30	
	94.78	0.47	

续表 9-9

准则层	河段赋分	权重	准则层赋分
"水"	96.44	0.23	94.55
	97.1	0.30	
	92	0.47	
生物	71.09	0.23	73.71
	74.49	0.30	
	74.49	0.47	
社会服务功能	97.66	0.23	97.66
	97.66	0.30	
	97.66	0.47	

9.2.2 河流不健康的主要表征

分析支漳河指标层各指标健康评价雷达图(见图 9-7)和指标层各指标健康赋分结果(见表 9-10)可知,支漳河各指标健康赋分分为如下几个类型和层次。

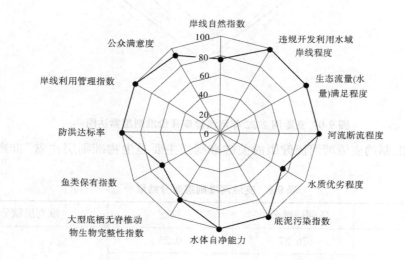

图 9-7 支漳河 2022 年河流健康评价指标雷达图

表 9-10　支漳河指标层赋分结果

目标层	准则层		指标层	指标层赋分
河流健康	"盆"		岸线自然指数	76.4
			违规开发利用水域岸线程度	100
	"水"	水量	生态流量(水量)满足程度	100
			河流断流程度	100
		水质	水质优劣程度	73.13
			底泥污染指数	100
			水体自净能力	100
	生物		大型底栖无脊椎动物生物完整性指数	80.25
			鱼类保有指数	67.34
	社会服务功能		防洪达标率	100
			岸线利用管理指数	100
			公众满意度	92.2

9.2.2.1　非常健康状态

在 12 个指标当中,属一类河湖,非常健康状态的共有 8 项,分别为违规开发利用水域岸线程度、生态流量(水量)满足程度、河流断流程度、底泥污染指数、防洪达标率、岸线利用管理指数、水体自净能力和公众满意度,个数占比 66.67%。其中,前 7 项指标赋分为满分,公众满意度赋分为 92.2 分。

9.2.2.2　健康状态

在 12 个指标当中,属二类河湖,健康状态的共有 2 项,分数由高到低分别为大型底栖无脊椎动物生物完整性指数(赋分 80.25 分)和岸线自然指数(赋分 76.4 分),占比为 16.67%。

9.2.2.3　亚健康状态

在 12 个指标当中,属三类河湖,亚健康状态的共有 2 项,分数由高到低分别为水质优劣程度(赋分 73.13 分)和鱼类保有指数(赋分仅 67.34 分),占比为 16.67%。

综上可知,支漳河不健康的主要表征是鱼类保有指数和水质优劣程度,为亚健康状态;大型底栖无脊椎动物生物完整性指数和岸线自然指数这 2 个指标的健康程度还需进一步提高。

9.2.3　河流健康历史情况对比

9.2.3.1　岸线自然指数

滏阳河综合治理的开展,也带动了支漳河的治理,2022 年支漳河岸线与历史相比有较大的改观,特别是经济技术开发区,岸线绿化和岸坡改造都有很大的改善,使得岸线更加生态化。

9.2.3.2　水质优劣程度

以 2022 年监测水质情况与历史数据对比,支漳河水质由Ⅳ类水改进为Ⅲ类水,充分说明了邯郸市河湖综合治理的成效。

9.2.3.3　生物多样性

于 2019—2021 年连续 3 年分别在张庄桥、莲花口这 2 个支漳河的起讫站点,针对大型底栖动物开展了每年 4 次监测。可以发现,大型底栖动物种类数基本呈现增加趋势,特别是 2020 年以来,基本保持在 40 种以上的水平,节肢动物门(*Arthropoda*)和软体动物门(*Mollusca*)是支漳河大型底栖动物的优势类群。近年来,大型底栖动物种类数变化情况如图 9-8 所示。

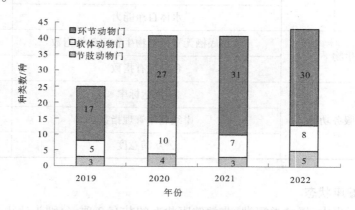

图 9-8　2019—2022 年大型底栖动物种类数变化情况

种类组成方面,节肢动物门特别是水生昆虫类群呈现出较为显著的增加,蜉蝣目(东方蜉 *Ephemera orientalis*)和毛翅目等一些对水质较为敏感的大型底栖动物类群也逐步成为支漳河的常见类群。

生物多样性指数方面,在对大型底栖动物的分布和密度进行测定的基础上,采用通用的 Shannon-Wiener 多样性指数对大型底栖动物多样性进行评价。结果显示,支漳河大型底栖动物多样性指数值由 2019 年的 1.88 逐步增加至 2022 年的 2.67,与种类数趋势基本吻合。

整体来看,大型底栖动物类群生物多样性基本呈现提升趋势,这与邯郸市河流水生态系统的改善密不可分。此外,生物栖息地质量的改善与大型底栖动物多样性水平的提升也有重要关系。

9.2.3.4　社会服务功能

支漳河的社会服务功能随着改造在各个方面得到了极大的提升。首先,经过治理后,防洪标准最高达 100 年一遇,极大提高了河道行洪排涝能力,使得防洪达标率达到了100%。其次,岸线利用管理得到了优化,基本无生产岸线。再次,经过河道清淤疏浚,水面大幅增加,各种鸟类云集,生态环境发生了质的飞跃;南湖等打造的景观也亮点纷呈,成为广大群众亲近自然的好去处,人民群众水利幸福感和满意度大幅提升,公众满意度大幅提高。

9.2.4　影响河流健康的主要压力

支漳河是滏阳河水系的重要支流,担负着主城区防洪的重要作用,随着生态文明建设的进行,又兼有生态河流的功能。近年来,经过河流的生态修复综合治理,支漳河水面大幅提升,各种鸟类云集,生态环境发生了质的飞跃,但通过本次健康评价工作,依然发现还有一些问题,主要表现在以下 3 个方面。

9.2.4.1　鱼类保有指数赋分低

在所有的指标整体评分中,鱼类保有指数最低,呈现"亚健康"状态。该指数是鱼类现有种类与历史种类的对比,本次监测是选择整个河流不同监测断面的鱼类进行汇总,因此评分代表了整个河流的鱼类保有的状态。因监测在 2022 年 5—8 月开展,冀南新区部分河段仍在施工,上游滏阳河水系的鱼类保有指数较低使得与之连通关系的支漳河的鱼类保有指数也不高。因此,整个河流鱼类保有指数较低,影响了支漳河生物完整性健康并形成压力,且对整个支漳河河流的健康形成压力。

9.2.4.2　水质优劣程度赋分低

水质优劣程度也是赋分较低的指标,相较郊区,市区建筑物林立,人员密集,特别是丛台区和经济技术开发区分别位于主城区及下游,承接市区的非点源污染风险较高,导致水质受到影响。因此,整个河流水质优劣程度较低,影响了支漳河水的完整性健康乃至整个河流的健康,进而形成压力。

9.2.4.3　岸线自然指数赋分低

相较其他指标,支漳河岸线自然指数部分河段较低。鉴于支漳河的主城区段有防洪任务,故部分河段岸坡非生态岸坡,且支漳河作为行洪河道,岸坡和堤防一体,高度及护坡基质本底要求较高,使得赋分较低。

9.2.5　保护及修复对策建议

推行河长制是落实绿色发展理念、推进生态文明建设的内在要求。河湖管理保护涉及上下岸、左右岸、不同行政区域和行业,开展河湖健康评价、诊断河湖健康问题就是解决复杂河湖管理的基础和前提。针对 2022 年支漳河健康评价及诊断结果,就邯郸市河湖管理从水域岸线管控、水环境治理、水生态修复、水资源管理以及应急管理等 5 方面提出建议。

9.2.5.1　水域岸线管控

由河流不健康表征及健康压力分析可知,岸线自然指数是支漳河不健康的原因之一,对标不同河段[县(区)]的不同"病灶"及"病因",给出具体建议。其中,针对岸坡时有冲刷的问题,建议根据支漳河不同的防洪标准及水力情势,在岸坡坡脚增加抛石石笼等不同形式护岸,提高岸坡稳定性评分。

河湖"四乱"是水域岸线管理的重点,因其偶发性,也是管理的难点所在。建议加密视频设备布点,调动各级河长办充分利用河道视频监控系统,为智慧河湖管理建设夯实基础。

水清、河畅、岸绿、景美是广大人民群众的普遍心声,也是广大人民群众的普遍诉求。

建议进一步加强河长制的宣传和科普工作,充分利用人民群众的热心和热情,发展民间河长,解放各级河长管理人员的同时能提高巡河的频次,使得"四乱"及时被发现、及时被清理。

9.2.5.2　水环境治理

对标本次水质优劣程度评分一般的情况,根据分河段评价结果,结合岸线城镇和居民分布情况,亟须加强水环境治理,特别是非点源污染的治理力度。一方面,进一步加强黑臭水体的治理力度,除增设水跌、橡胶坝等增加河流水动力外,可通过水生植物浮岛等各方面措施进一步消纳污染物;另一方面,在新改建小区或设施方面,考虑增加非点源污染的海绵消纳措施,争取先行先试。此外,广泛开展水环境保护的科普宣传和倡议,进一步提升市民素质,避免垃圾入河、宠物粪便排放,进一步降低岸上非点源污染风险。

9.2.5.3　水生态修复

尽管包括支漳河在内的滏阳河水系在水生态方面有了很大提升,历史情况对比也表明了浮游生物的逐渐增加。但由于2022年施工影响,本次鱼类保有指数评分一般,仅三级健康状态。未来在水环境治理的基础上,打造不同的湿地或景观节点,进一步加强生境的修复,让河流休养生息使得物种逐渐丰富,恢复鱼类的种类和数量。

大型底栖动物对水体的耐受能力变化范围较大,是水生态健康评价的常用指标,其大部分种类生活史较长,对水生态环境质量的变化反应较慢。随着上游滏阳河综合治理工程的完成,上游生境的恢复有利于整个水系的生物多样性,也会逐渐改善并影响支漳河的大型底栖动物多样性和完整性。因此,基于代表性、延续性等调查监测的基本原则,建议在已有监测点位的基础上,科学合理地确定调查监测频次,以获得更为全面的大型底栖动物生物多样性数据,为后续开展水生态系统的保护修复提供基础数据和决策参考。

此外,由于河流在上下游的服务价值不同,尝试建立上下游联动的生态补偿长效机制,充分发挥市场的作用,让政府-市场两手发力,尝试以此成为邯郸市河湖管理的新引力。

9.2.5.4　水资源管理

随着人民对美好生活的向往,对优质生态环境的不断追求,确保支漳河生态水量的重要性愈发显著。在建立东武仕水库、引漳、引江、引黄等多水源统筹联调机制的机制上,尝试构建上下游空间更加均衡的水网。坚持生态优先,坚持节水优先,进一步提高生产用水效益和生活用水效率,避免行业竞争性缺水,使得支漳河保有生态水量,维持支漳河基本生态功能,促进支漳河健康持续改善和提升。

9.2.5.5　应急管理

随着全球气候变化,洪涝和干旱等极端天气频发、广发。应针对支漳河防洪的主要功能,制定不同洪涝风险等级的预警响应机制和响应预案。针对干旱,建立支漳河水量调配的应急预案。

9.3　清漳河

9.3.1　清漳河健康整体特征

涉县清漳河整体健康赋分 88.33 分,按照分类标准评价结果为二类河湖,处于"健康"状态。开展评价的河段 1~河段 5,健康赋分均在 85~90 分,分值差异不大,均处于"健康"状态,见图 9-9。

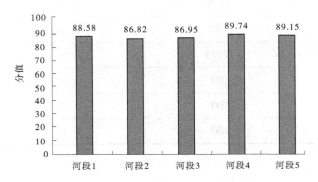

图 9-9　清漳河各评价河段健康分值

从河流健康评价各准则层的评价结果(见表 9-11)和赋分图(见图 9-10)来看,涉县清漳河"盆"健康指数为 96.35 分,属于一类河湖"非常健康"状态;"水"健康指数为 75.79 分,属于二类河湖"健康"状态;生物准则层健康指数为 82.16 分,属于二类河湖"健康"状态;社会服务功能准则层健康指数为 99.64 分,属于一类河湖"非常健康"状态。由此说明,涉县清漳河的健康情况整体良好。

表 9-11　清漳河准则层赋分

准则层	各河段赋分	各河段权重	准则层赋分
"盆"	94.6	0.20	96.35
	94.0	0.16	
	98.5	0.20	
	98.5	0.18	
	96.0	0.26	
"水"	76.9	0.20	75.79
	70.1	0.16	
	76.9	0.20	
	76.8	0.18	
	76.9	0.26	

续表 9-11

准则层	各河段赋分	各河段权重	准则层赋分
生物	83	0.20	82.16
	88.3	0.16	
	70.9	0.20	
	85	0.18	
	84.5	0.26	
社会服务功能	100	0.20	99.64
	97.75	0.16	
	100	0.20	
	100	0.18	
	100	0.26	

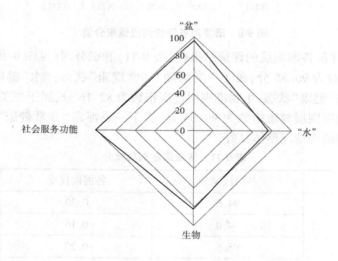

图 9-10　清漳河健康准则层赋分结果

从河流健康评价各指标评价结果(见表 9-12)和雷达分布图(见图 9-11)来看,涉县清漳河各指标健康赋分排序为:河流纵向连通指数、违规开发利用水域岸线程度、底泥污染状况、水体自净能力、岸线利用管理指数>水质优劣程度>公众满意度>鱼类保有指数>河流断流程度>岸线自然指数>大型底栖无脊椎动物生物完整性指数>流量过程变异程度>生态流量(水量)满足程度。

表 9-12　清漳河指标层赋分

指标层	指标层赋分
河流纵向连通指数	100
岸线自然指数	87.8
违规开发利用水域岸线程度	100
生态流量(水量)满足程度	25.6
流量过程变异程度	45.8
河流断流程度	92.7
水质优劣程度	99.3
底泥污染状况	100
水体自净能力	100
大型底栖无脊椎动物生物完整性指数	71.6
鱼类保有指数	97.2
岸线利用管理指数	100
公众满意度	97.75

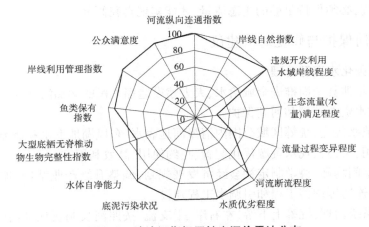

图 9-11　清漳河指标层健康评价雷达分布

开展涉县清漳河健康评价的各项指标中,生态流量(水量)满足程度为 25.6 分,为五类河流"劣汰"状态;流量过程变异程度为 45.8 分,为四类河流"不健康"状态;大型底栖无脊椎动物生物完整性指数为 71.6 分,为三类河流"亚健康"状态。其余指标程度相对较好,达到了二类河流"健康"状态及以上等级。

9.3.2　清漳河生态系统潜在风险分析

涉县清漳河整体健康赋分 88.33 分,按照分类标准评价结果为二类河湖,处于"健康"状态。

从各准则层的评价结果分析,"盆"、社会服务功能准则层属于一类河湖"非常健康"状态,"水"、生物准则层属于二类河湖"健康"状态,但分值整体偏低,"水"处于二、三类临界值;从各指标层的评价结果分析,生态流量(水量)满足程度、流量过程变异程度、大型底栖无脊椎动物生物完整性指数等 3 项指标未达到"健康"的状态。按照大型底栖无脊椎动物生物完整性指数 71.6 分的赋分,已属于生态较高水平,因此识别出涉县清漳河生态系统潜在风险来自于水资源方面。

清漳河流域水资源总量较少,时空分布不均,水旱灾害频繁交替出现,河道水量不稳定。随着经济社会的不断发展,流域范围内山西和顺、昔阳、左权等县(区)工业发展迅速,对清漳河水资源的需求不断增加,导致上游来水量持续减少。同时,近年来涉县经济发展迅速,在太行红河谷生态水系建设、邯钢迁建等重点项目实施、沿河特色养殖农业开发等过程中,对清漳河依赖程度同样不断加大。此外,在上下游向流域外调水规划方案中,也将清漳河作为重要的水源保障,水资源供需矛盾逐渐凸显。

从维护河湖基本功能、保护修复水生态系统功能的角度出发,对清漳河水资源的需求也尤为重要。由于涉县东风湖泉域特殊地质构造,清漳河刘家庄—连泉河段容易出现因下渗导致的断流现象。通过近年来开展的河道综合整治,采取工程措施使水域面积增加,河道生态系统得到逐步修复。鱼类、大型底栖动物对环境变化反应较为敏感,需要长期稳定的水生态系统,必须保持足够的生态流量,才能实现自我修复。

9.3.3　清漳河保护与修复对策建议

9.3.3.1　不断强化水资源管理

按照 2022 年涉县全面推进全域治水、大力建设造福人民的幸福河湖的河湖管理总体目标,不断强化水资源管理和河湖保护。

一是坚持节水优先,统筹区域范围内清漳河地表水、东风湖地下水和清漳污水厂等再生水的综合使用,努力实现水资源优化配置、集约使用、高效利用。

二是坚持空间均衡,科学制定社会经济发展规划,调整升级产业结构,加快推进茅岭底、红河谷水系连通等调蓄工程和引调水工程建设。

三是坚持系统治理,统筹上下游、左右岸、干支流,按照河长制责任部门分工,加强协作配合,持续推进清漳河综合治理。

四是坚持两手发力,注重经济效益、社会效益、生态效益的融合,鼓励社会资本参与河湖保护,更好地发挥清漳河优质水资源的产品价值。

9.3.3.2　持续推进水生态修复

坚持贯彻习近平总书记生态文明理念,以改善河流面貌、维护河流生命健康为基本目标,持续推进清漳河综合治理和水生态修复。

一是坚持引领示范,以太行红河谷文化旅游经济带为依托,以清漳河生态修复为引领,聚力谋划实施乡村河道综合整治项目,实现河畅、水清、岸绿、景美,建设人水和谐的幸福河湖。

二是坚持重点突出,以清漳河国家湿地公园为核心,强化生态红线管控,坚持做好珍稀鸟类、植物、鱼类等生物多样性保护,共同构筑太行山生态屏障。

三是坚持功能保障,配合流域机构做好清漳河水资源调度,保障河道生态流量管控到位,强化水域岸线管控,确保河流功能实现。

四是坚持科学指导,定期开展清漳河健康评估,动态监控河流健康状况,为河湖管理决策做好技术支撑。

附　图

1　滏阳河河湖健康评价调查附图

社会服务功能可持续性调查结果如下。

1.1　调查问卷内容—结果

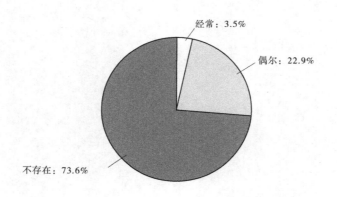

附图 1-1　防洪安全——洪水漫溢现象

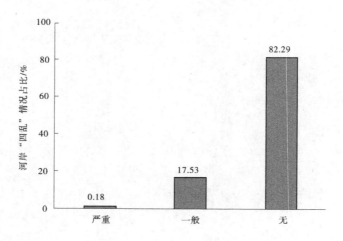

附图 1-2　岸线情况——河岸"四乱"情况

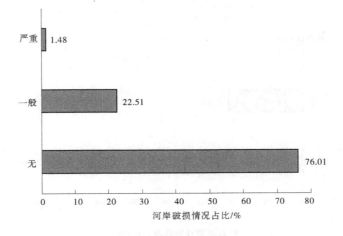

附图 1-3　岸线状况——河岸破损情况

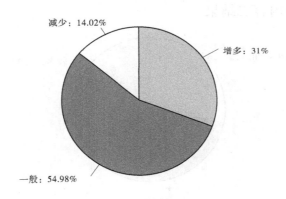

附图 1-4　水质水量状况——水量

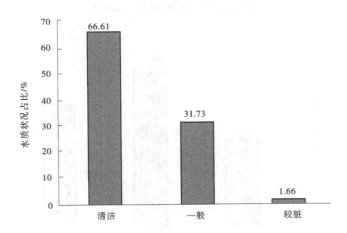

附图 1-5　水质水量状况——水质

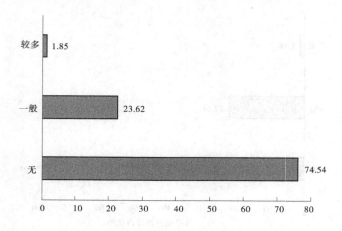

垃圾漂浮物状况占比/%

附图 1-6　水质水量状况——垃圾漂浮物

1.2　调查问卷内容二结果

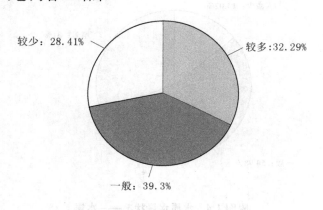

附图 1-7　水生态状况——鱼类

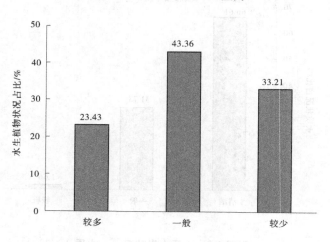

附图 1-8　水生态状况——水生植物

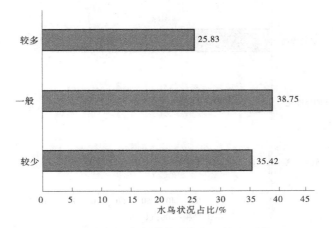

附图 1-9 水生态状况——水鸟

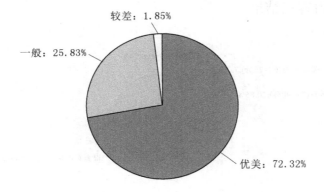

附图 1-10 适宜性状况——景观绿化

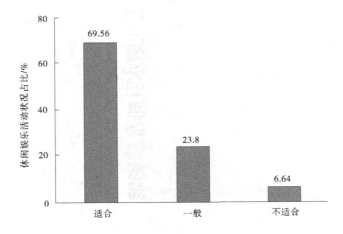

附图 1-11 适宜性状况——休闲娱乐活动

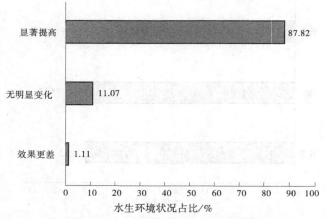

附图 1-12　治理措施下水生环境变化

1.3　调查问卷内容三结果

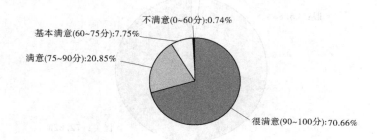

附图 1-13　河湖健康整体满意度

工业废水乱排乱放影响水质

附图 1-14　对河湖健康不满意原因

附图 1-15　民众希望河湖管理的美好诉求

2　支漳河河湖健康评价调查附图

2.1　社会服务功能可持续性调查

2.1.1　调查问卷内容一结果

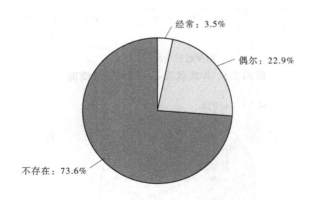

附图 2-1　防洪安全——洪水漫溢现象

2.1.2 调查问卷内容二结果

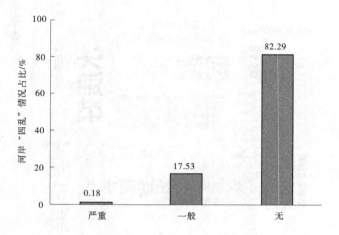

附图 2-2　岸线情况——河岸"四乱"情况

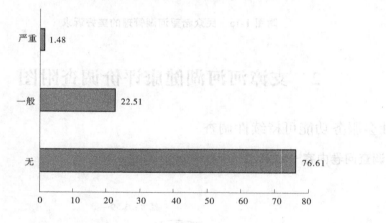

河岸破损情况占比/%

附图 2-3　岸线状况——河岸破损情况

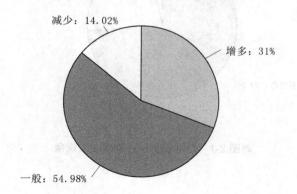

附图 2-4　水质水量状况——水量

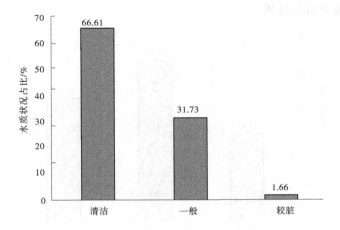

附图 2-5　水质水量状况——水质

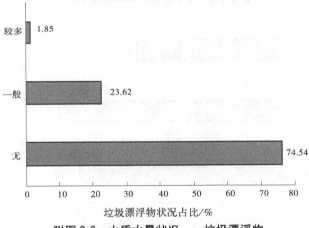

附图 2-6　水质水量状况——垃圾漂浮物

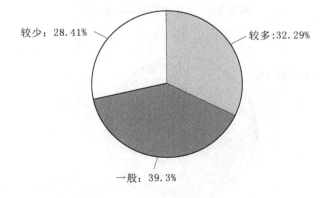

附图 2-7　水生态状况——鱼类

2.1.3 调查问卷内容三结果

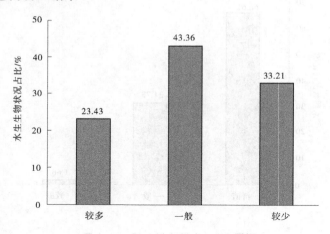

附图2-8 水生态状况——水生植物

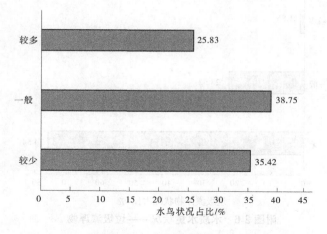

附图2-9 水生态状况——水鸟

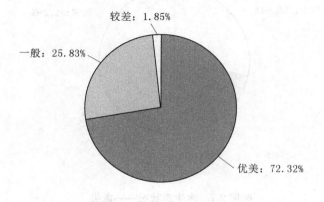

附图2-10 适宜性状况——景观绿化

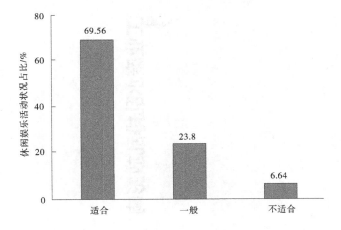

附图 2-11　适宜性状况——娱乐休闲活动

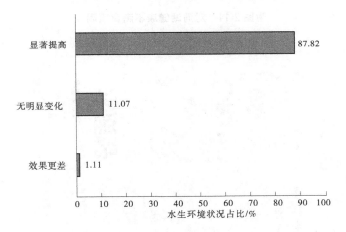

附图 2-12　治理措施下水生环境变化

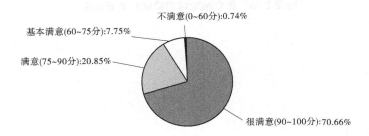

附图 2-13　河湖健康整体满意度

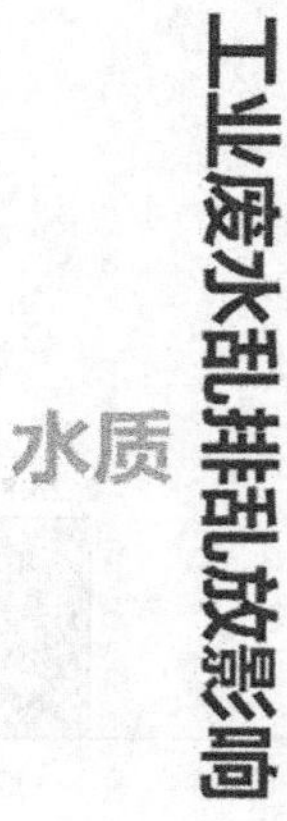

工业废水乱排乱放影响

水质

附图 2-14　对河湖健康不满意原因

娱乐设备多开发一点　花香水岸　生态对社会有效益　统一绿化
向好　河岸稳固安全　无杂物　水清无异味　加大河湖
草绿　河清　水青　水质好　健康河湖　花红
生态越来越好　山清水秀　鸟语花香　环境优美
开发旅游景点　天蓝　治理河道　期　长　有水　花园
项资金投资　稳　潮眼农田　加强环境治理

附图 2-15　民众希望河湖管理的美好诉求

3　清漳河河湖健康评价调查附图

河湖健康评价公众调查表

姓名：×××		性别：男	年龄： 15-30□　30-60☑　60以上□		
电话：134×××9714		职业：自由职业者□　国家工作人员☑　其他□			
防洪安全状况		**岸线状况**			
洪水漫溢现象		河岸"四乱"情况 乱采、乱占、乱堆、乱建		河岸破损情况	
经常	□	严重	□	严重	□
偶尔	□	一般	□	一般	□
不存在	☑	无	☑	无	☑
水量水质状况				**水生态状况**	
水量	增多	☑	鱼类	较多	□
	一般	□		一般	☑
	减少	□		较少	□
水质	清洁	☑	水生植物	较多	☑
	一般	□		一般	□
	较脏	□		较少	□
垃圾漂浮物	较多	□	水鸟	较多	☑
	一般	□		一般	□
	无	☑		较少	□
适宜性状况					
景观绿化情况	优美	☑	娱乐休闲活动	适合	☑
	一般	□		一般	□
	较差	□		不适合	□
河湖满意度程度调查					
河湖治理保护措施是否提高生态和社会效益：显著提高☑　无明显变化□　效果更差□					
总体满意度		不满意的原因是什么？		希望的状况是什么样的？	
很满意(90~100)	98				
满意 (75~90)					
基本满意(60~75)					
不满意(0~60)					

附图 3-1　公众调查表

参考文献

[1] 魏春凤. 松花江干流河流健康评价研究[D]. 长春：中国科学院大学(中国科学院东北地理与农业生态研究所)，2018.

[2] J F Wright, M T Furse, D Moss. River classification using invertebrates: RIVPACS application[J]. Aquatic Conservation: Marine and Freshwater Ecosystems, 1998, 8: 617-631.

[3] J Simpson, R Norris, L Barmuta, et al. AusRivAS-National River Health Program: User Manual Website version[R]. 1999.

[4] J R Karr, K D Fausch, P L Angermeier, et al. Assessing Biological Integrity in Running Water-A Method and its Rationale[R]. Champaign, Ⅲ: Illinois Natural History Survey, Special Publication 5, Champaign, Illinois, 1986.

[5] R C Petersen. The RCE: a riparian, channel, and environmental inventory for small streams in the agriculture landscape[J]. Freshwater Biology, 1992, 27: 295-306.

[6] M Parsons, M Thoms, R Norris. Australian River Assessment System: Review of Physical River Assessement Methods A Biological Perspective, Monitoring River Heath Initiative Technical Report NO. 21[M]. Canberra: Common wealth of Australian and University of Canbrra, 2002, 1-24.

[7] A R Ladson, L J White. An index of stream condition: Reference manual (second edition)[R]. Melboume: Department of Natural Resources and Environment, 1999: 1-65.

[8] Ji Yoon Kim, Kwang-Guk An. Integrated ecological river health assessments, based on water chemistry, physical habitat quality and biological integrity[J]. Water, 2015, 7(11).

[9] 王备新, 杨莲芳, 胡本进, 等. 应用底栖动物完整性指数 B-IBI 评价溪流健康[J]. 生态学报, 2005, 25(6): 1481-1490.

[10] 郑海涛. 怒江中上游鱼类生物完整性评价[D]. 武汉：华中农业大学, 2006.

[11] 龙笛, 张思聪, 樊朝宇. 流域生态系统健康评价研究[J]. 资料科学, 2006(4): 38-44.

[12] 孙雪岚, 胡春宏. 河流健康评价指标体系初探[J]. 泥沙研究, 2007(4): 22-27.

[13] 陈毅, 张可刚, 郭纯青, 等. 河流生态健康评价研究：以潮白河为例[J]. 水利科技与经济, 2011, 17(2): 9-12.

[14] 龚雷婷. 太湖流域典型入湖河流的健康评价[D]. 南京：南京大学, 2012.

[15] 傅春, 李云翙. 基于层次分析法的抚河抚州段河流健康综合评价[J]. 南昌大学学报(工科版), 2017, 39(1): 1-7.

[16] 孔令健, 章启兵. 基于层次分析法的清流河健康综合评价[J]. 安徽农学通报, 2018, 24(19): 105-107, 113.

[17] 侯佳明, 胡鹏, 刘凌, 等. 基于模糊可变模型的秦淮河健康评价[J]. 水生态学杂志, 2020, 41(3): 1-6.

[18] Ding Rui, Yu Kai, Fan Ziwu, et al. Study and application of urban aquatic ecosystem health evaluation index system in river network plain area[J]. International Journal of Environmental Research and Public Health, 2022, 19(24).

[19] 方彤竹. 北方浅水湖泊水生态系统健康评价体系构建及应用研究[D]. 武汉：华中农业大学, 2022.